数字城市

数字时代的空间革命

北京工商大学数字经济研究院组织编写

白津夫　葛红玲　崔艳新　等 著

国家行政学院出版社

NATIONAL ACADEMY OF GOVERNANCE PRESS

·北 京·

图书在版编目（CIP）数据

数字城市：数字时代的空间革命／白津夫等著.
北京：国家行政学院出版社，2024.10. -- （"数字经
济与高质量发展"丛书／孙世芳，许正中主编）.
ISBN 978-7-5150-2883-5

Ⅰ. TU984.2-39

中国国家版本馆 CIP 数据核字第 202476M38U 号

书　　　名	数字城市：数字时代的空间革命	
	SHUZI CHENGSHI：SHUZI SHIDAI DE KONGJIAN GEMING	
作　　　者	白津夫　葛红玲　崔艳新　等 著	
统筹策划	王　莹	
责任编辑	王　莹　孔令慧	
责任校对	许海利	
责任印制	吴　霞	
出版发行	国家行政学院出版社	
	（北京市海淀区长春桥路 6 号　100089）	
综 合 办	（010）68928887	
发 行 部	（010）68928866	
经　　销	新华书店	
印　　刷	北京盛通印刷股份有限公司	
版　　次	2024 年 10 月北京第 1 版	
印　　次	2024 年 10 月北京第 1 次印刷	
开　　本	170 毫米×240 毫米　16 开	
印　　张	17.5	
字　　数	167 千字	
定　　价	60.00 元	

本书如有印装问题，可联系调换，联系电话：（010）68929022

TOTAL ORDER ▶ 总序

　　当前和今后一个时期是我国以中国式现代化全面推进强国建设、民族复兴伟业的关键时期，高质量发展是全面建设社会主义现代化国家的首要任务。实现高质量发展就必须塑造发展新动能、新优势，加快发展数字经济是其核心内容。党的二十届三中全会明确指出，健全因地制宜发展新质生产力体制机制，健全促进实体经济和数字经济深度融合制度等，进一步为数字经济发展指明了方向。

　　随着新一轮科技革命和产业变革加速演进，我国经济社会各个方面正发生着"数字蝶变"。数字经济与实体经济深度融合不断改变着我们的生产生活方式，重组资源结构、重构经济社会发展格局，并从更深层次上推动"认知革命"。随着数字要素创造的价值在国民经济中所占的比重进一步扩大，数字经济成为世界经济增长新的动力源，也已成为我国经济高质量发展的强劲引擎。

　　数字产业化、产业数字化加快产业模式和经济组织形态变革，信息技术的快速迭代不断驱动优化产业生态，先进制造业集群发展壮大，呈现出制造业向高端化、智能化、绿色化发展的态势。数字经济不断催生平台消费新业态，在激活国内外消费市场、带动扩大就业等方面发挥了重要作用，也成为我国经济发展的新场景。数字化治理高效助推数字政府建设。近年来，我国政府以"互联网＋政务服务"为抓手的数字化治理模式加快推进，数字政府成为提升治理能力现代化的重要方式。在区域经济中，数字城市极大改变了城市经济社会的方方面面，对城市空间带来革命性变革。

数据作为经济要素，为经济理论研究提出了崭新的研究课题，如何高效配置数据资源、培育全国一体化数据市场成为当前经济工作的一项重要任务。在数据驱动力不断提升的背景下，我们需要重新审视生产效率、生产要素配置乃至企业边界等经济话题，重构高效满足个性化、精细化、多样化的市场需求的数字底座。同时，数据产权、数据跨境、数据标准也成为需要深入研究的话题。

夯实数字基础，需要加快数字新基建的进程。只有提升数据海量储存、高速传输、安全保障等方面的能力，才能释放数字综合创新价值的乘数效应，为全面建成社会主义现代化强国奠定数字基础。

本丛书就是在数字经济发展日新月异的大背景下，为进一步提升全社会特别是广大基层干部及企业负责人群体的数字经济意识，不断增强数字经济的本领，组织专家撰写的一套数字经济理论通俗读本。本丛书重点围绕我国经济社会发展的大背景和数字经济发展的热点和前沿问题进行剖析，力求深入浅出，解疑释惑，服务于读者需求。

本丛书编写组

　　随着数字技术迭代演进，城市数字化深入发展，推动数字城市和空间革命如期而至。城市数字化正在深刻改变空间格局，重塑城市形态并引领数字城市继续深入发展。

　　本书意在探讨城市数字化驱动和空间革命推动的数字城市现象，概述数字城市的特点和趋势。

　　由于受知识结构和研究能力所限，本书只是就其主要方面进行一些初步探讨。

　　本书由北京工商大学数字经济研究院组织专家完成，由院长白津夫、执行院长葛红玲、崔艳新等著，各章承担人分别为：总论由白津夫研究员执笔，第一章由崔艳新、白津夫研究员执笔，第二至四章由焦芳、崔艳新研究员执笔，第五章由白兮研究员执笔，第六章由白津夫、葛红玲、唐元、张金来研究员执笔，第七章由葛红玲研究员执笔，第八章由崔艳新研究员执笔。

目录

总　论

建设数字城市
实现空间革命

随着数字时代开启，数字化在推动经济社会转型的同时，正在推动城市变革，数字城市应运而生。这是自工业社会塑造城市形态以来的深层变革，也是一场空间革命，将从全新维度重塑城市形态、再造城市功能、优化城市体系，并将推动数字城镇化加快发展。数字城市的目标就是"构筑美好数字生活新图景"。

第一节　解构数字城市

一、问题的提出

数字城市与空间革命是 21 世纪的重要议题，涵盖了信息技术、地理信息系统（GIS）、大数据、人工智能（AI）等多个领域。

数字城市是指利用先进的信息和通信技术（如互联网、大数据、物联网、云计算和人工智能等）来改善城市运营，提高城市治理效率，提升居民生活质量和城市发展可持续性的城市。数字城市的建设旨在对城市的各项公共服务、基础设施、城市管理等进行智能优化、高效运营。例如，通过智能交通系统优化交通流向和流量，减少拥堵、保持畅通；通过智能电网优化能源使用，提高能源效率；通过大数据和人工智能提高公共服务水平等。

空间革命是指由于数字化和全球化带来的空间概念的转变。在物理空间之外，数字空间（或称为虚拟空间、网络空间）的存在和发展，已经对我们的生活方式、工作方式及社会结构产生深远影响，并正在催生空间革命的发生。实体空间与数字空间的结合与相互作用形成新的社会地理现象，如虚拟社区、数字化的公共空间等。互联网和移动设备的普及减少了我们工作和学习的空间限制，这也改变了人们对办公和学习空间的理解和使用方式的变化。社交媒体使得我们可以在虚拟空间中建立社区，与全球各地的人们即时交流和互动，这改变了我们对社区和公共空间的理解。

空间革命是人类进步的永恒主题。从地理的拓展到数字的探索，我们对空间的理解和应用不断深化。云空间的开发和元宇宙的兴起，代表了这一进程的最新篇章，这不仅是技术的革命，更是社会、经济和文化的重塑。在这个崭新的时代，我们有机会重新定义自己与他人的关系及与世界的连接方式。

数字城市和空间革命，两者相互关联，相辅相成。数字城市借助信息和通信技术，对城市进行更有效的管理和规划，提供更好的公共服务，创造出更智能、更环保、更便捷的城市生活。这些离不开空间革命的推动，也就是我们对空间概念理解的转变、对物理空间和数字空间的重新认识和利用。

这一转变使得城市规划不再只局限于物理空间的规划，还包括数字空间的规划和设计，也就是要把数字理念、数字技术应用到城市设计和管理之中，促进数字城市和空间革命两者相互影响、相互推动，共同塑造现代城市的功能和形态。

二、背景分析

1. 数字城市的背景。正像数字经济是基于数字技术进步而不断深化的一样，数字城市也是以数字技术不断演化为背景的。随着信息和通信技术的飞速发展，我们的生活、工作和学习方式正在发生深刻的变化。这种变化也影响到了城市，导致"数字城市"这一新城市形态的产生。

数字城市涉及各种不同的技术，包括云计算（用于处理和存储大量数据）、大数据（用于理解城市的运行状况和预测未来趋势）、人工智能（用于智能决策和自动化）、物联网（用于连接各种设备和系统）、5G（用于高速、低延迟的通信）等。

因此，数字城市的发展受到多种因素的影响，包括政策支持（如政府的数字化战略）、技术进步、经济发展、社会需求（如对环保、便利、安全的需求）等。

数字城市对社会有深远的影响，包括提高公共服务的效率和质量、改善交通状况、提高能源利用率、增强安全性等。同时，也会带来一些挑战，如数据安全和隐私保护、数字鸿沟、技术依赖等。

2. 空间革命的背景。空间革命是关于我们理解和使用空间的观念的转变。这种转变可能由各种因素推动，包括技术进步（如数字化、网络化、沉浸式）、社会经济变迁（如全球化、城市化）等。数字化条件下的空间革命可以从以下几个方面来观察。

空间的数字化：随着互联网和移动设备的普及，我们不仅在实体空间中生活，也在数字空间中生活。这种变化改变了我们的社交方式、工作方式、学习方式等。

空间的网络化：全球化和互联网的发展使得空间的地理距离变得越来越淡化，人们可以跨时空进行交流和合作。这种变化也影响着城市的发展，城市不再只是一个物理的区位，而是一个连接全球的网络节点。

空间的复杂化：由于技术和社会经济的发展，空间变得越来越复杂，涉及多种空间尺度（如个体、社区、城市、地区、国家、全球）和多种空间类型（如物理空间、社会空间、心理空间、虚拟空间）。

数字城市和空间革命的结合指向了一个趋势，即未来的城市将更加智能化、网络化、融合化。这将给我们的生活、工作、学习方式带来深刻影响。同时，也会带来一些挑战，如如何保护数据安全和隐私、如何确保数字化的公平和包容性、如何管理和规划复杂的空间等。

三、核心要义

建设数字城市、实现空间革命是数字化的大趋势，是人类社会发展之必然。从数字技术进步的历程看，信息化催生时间革命，更快、更好、更便捷；数字化催生空间革命，更优、更广、更智慧。

首先，随着信息化的进步，我们实现了时间革命，使得信息传播、处理和使用变得更快、更好、更便捷。

更快：在信息化之前，传递信息通常需要物理媒介，如书信、电报和电话等。现在，通过因特网和移动通信技术，我们可以在瞬间传递和接收信息。这不仅加速了商业交流，而且为日常生活提供了方便。

更好：信息技术不仅使得传递信息更快，还提高了信息的质量。以前，错误的信息传递可能需要几天或几周才能更正。现在，实时更新和校正成为可能，减少了误解和错误的风险。

更便捷：现代技术允许我们随时随地访问信息。智能手机、平板电脑和其他移动设备已经成为我们生活的一部分，使得信息获取从未如此简单。

其次，数字化正在推动空间革命，数字化不仅改变了我们与信息的关系，还改变了我们与空间的关系。这种变化表现为对空间的优化、拓展和智能化。

更优：数字技术提供了对空间资源的优化。例如，数字地图和导航系统可以为用户提供最佳路线，减少交通拥堵。此外，数字化还支持建筑和城市规划，使得空间资源的使用更为高效。

更广：数字技术打破了地理和空间的界限。虚拟现实（VR）、增强现实（AR）和混合现实（MR），使我们能够在超远距离或者完全是在虚拟的空间里体验和互动。这不仅为娱乐和教育创造了新的可能性，还为企业和服务提供了新的商业机会。

更智慧：通过物联网、大数据和大模型分析，我们现在可以更智慧地使用和管理空间资源。智能家居、智慧城市等概念已经成为现实，通过数字技术优化，我们提高了对空间的利用水平。

数字化正在深刻地影响我们的生活。它改变了我们对时间和空间的认知，并提供了前所未有的便利。同时，这种时空变革推动数字城市和空间革命如期而至，正在优化经济社会结构，重构发展逻辑。从数字生产到数字消费、从数字文化到数字服务、从数字支付到数字生活、从数字政府到数字家庭，各种数字交往方式融合创新，正在塑造全新数字发展格局。正是基于此，有的地方提出打造全新数字城市，建设全民共享的数字社会。

虽然我们日常活动与数字息息相关，数字城市越来越清晰地呈现在我们面前，成为我们生活不可或缺的重要组成部分。但很难说我们对数字城市有真正的认识和理解，因为我们每天生活在数字化环境中，习以为常的思维惯性束缚了认知的深化，更难真实地感受到数字城市带来的变化。正所谓"不识庐山真面目，只缘身在此山中"，越是习以为常的东西，越容易不求甚解。其实，数字城市是与空间革命相伴而行的，都是数字技术进步的结果，是建立在新一代数字技术基础上的重大创新，是影响发展全局的重大变革。

四、时代意义

数字城市与空间革命在当今社会的进一步转型中扮演着至关重要的角色，两者所带来的变革助力开启全新数字时代，在改变我们的生活、工作和社交方式的同时，也对经济社会发展产生深远影响。其所赋予的时代意义，可以从多方面来解读。

1. 信息获取实现高效智能管理。数字城市依赖于大数据和物联网，使得我们能够实时收集、分析和管理城市中的各种信息。诸如交通、天气和能源消费，也包括市民的健康、安全和福利。这种实时的数据流动性为决策者提供了前所未有的决策依据，使城市运营更加高效和智能。

2. 提高生活质量。数字化和空间革命为市民提供了更加便利和舒适的生活环境。从智能交通系统到智慧医疗，都让市民享受到更加快捷、安全和健康的生活，为市民节省时间和成本。

3. 经济发展与创新。随着数字技术和空间科技的融合，新的产业和商业模式不断涌现。例如，虚拟现实、增强现实、混合现实及 AI 大模型技术，为企业和创业者提供了全新的商业机会。这些技术在数字城市的背景下得到更广泛、更深入的应用，为经济发展注入了新的活力。

4. 社交与文化的变革。在数字城市中，虚拟空间和物理空间的界限越来越模糊。人们可以在虚拟空间中进行社交、娱乐和学习，打破了传统的空间限制。同时，这种空间的互动性为文化交流提供了新的平台，促进了全球化和多元文化的交融。

5. 环境与可持续性。数字城市强调资源的高效利用和环境的有效保护。通过智能传感器和数据分析，可以更有效地管理水资源、能源和垃圾处理，从而为未来的可持续发展提供坚实的基础。

6. 优化城市规划设计。空间革命为城市规划带来了前所未有的机会，传统的城市规划往往受限于物理空间和资源，而在数字城市中，虚拟和物理空间的融合为城市设计提供了新的维度和广阔的前景。

数字城市与空间革命是当今社会发展的关键驱动力。不仅改变了我们的生活方式，还为经济、文化和社交带来了新的机会和挑战。这种变革对于推动人类社会进步和深层变革具有突出的时代意义。

第二节　数字城市与空间革命的互动

一、数字空间

随着第四次工业革命的深入演进，大数据、移动互联网、云计算、人工智能等新兴科技助力人类社会快速步入智能时代。万物皆数、万物互联、万物智能的趋势不断加快，推动了物理空间、人类社会之外的数字空间的诞生。数字空间打破了传统的时空限制，成为物理空间和社会空间以外的"第三空间"，三者共同构成了"三元空间"的世界。这不仅是一场技术革命，而且是一场深刻的社会变革，将改变社会生产生活方式、社会资源配置方式及社会组织运行形态。

数字空间是一种全新的空间形态，其革命性主要体现在以下方面。一是空间的泛在性：数字空间不再受到物理空间的局限，可以无限扩展，使得信息的存储和处理能力得到极大的提升。二是空间的互动性：数字空间可以实现人与人、人与物、物与物之间的互动，这种互动不仅可以在虚拟空间中实现，还可以延伸到现实世界中。三是空间的共享性：数字空间使得信息的共享变得更加便捷和高效，不仅可以在同一时间供多个人使用，还可以实现跨时间、跨地域的共享。四是空间的智能化：数字空间可以通过人工智能等技术实现智能化管理和服务，为用户提供更加智能、便捷的服务体验。因此，数字空间的发展将带来革命性的变革，对经济、社会、文化等多个领域产生深远影响，成为推动社会进步和发展的重要力量。

目前，不同学术视角对"数字空间"的概念及其所属范畴的界定有所不同。例如，观念性视角认为"数字空间"是信息活动的空间所形成的信息环境；文化性视角关注互联网平台上依赖亚文化所形成的自组织共同体；空间性视角将其视为一个由精神空间、文化空间及虚拟空间共同构成的新型生活空间；社会学视角则认为其实质是一种人类数字化生存模式和社会形态；而当前被普遍采用的技术性视角则将其定义为由计算机、信息系统及更多智能设备通过网络链接形成的虚拟空间，且在这一空间中，数据是信息的载体。虽然目前数字空间的定义在学界尚未达成统一，但其内涵正随着第四次工业革命的深入发展而日益丰富与扩展。它日益成为链接物理空间和社会空间的中介系统，以映射和重塑的方式推动物理空间、社会空间及数字空间的边界日益模糊和相互渗透，最终促生了人类社会生存和演进的"三元空间"。而在不断凝聚物理、社会及数字因素的数字空间中，各类新兴技术交叉被应用到多个领域，并与社会经济充分交融引发数据迅猛增长，数据成为国家的重要战略资源。

实际上，第四次工业革命所创造的超链接世界与数字空间的泛在化，日益与人类经济和社会相融合，继而延展社会主体行为的时空跨度。海量激增的数据与交易信息、海量"人的群体"和"物的集合",给数字城市的智能化管理和运行带来了巨大的挑战。数字城市的设计者与管理者应该深入把握数字空间的特性,推动"三元空间"充分融合和协调发展。

二、数字城市引领空间革命

数字城市或智慧城市是一种城市模型,它使用大量的数据、信息通信技术(ICT)、人工智能和物联网技术,以便于增强城市服务的效率和质量,提高城市运行的可持续性,并改善市民的生活质量。这种城市模型即将带来一场空间革命,其主要方式如下:

1. 提高城市规划和设计水平。借助大数据和先进的计算机建模,城市规划师可以创建更精确的模型来预测和解决交通、能源使用、公共服务等问题。数字地图和地理信息系统(GIS)可以提供详细的城市空间数据,帮助更好地理解和改善城市的空间布局。

2. 提高城市运行效率。物联网设备(如传感器)可以监测城市的各种指标(如交通流量、空气质量、能源使用情况等),并将这些信息发送到中央数据库进行分析。这种实时监测和分析可以帮助城市管理者更有效地分配资源,改进服务,以及更快地应对问题。

3. 创建新的社会互动方式。数字城市可以创造全新的社区和社会交互方式。例如,社交媒体和其他在线平台可以让市民在空间上无须接触的情况下进行交流,这对于空间规划和城市服务具有重要影响。

4. 全面提高生活质量。数字城市的最终目标是提高市民的生活质量。这可以通过提供更好的公共服务、提高能源效率、改善空气质量、增强社区参与等方式来实现。

总的来看，数字城市正在引领一场空间革命，改变我们理解和管理城市空间的方式，为城市规划和设计提供更多可能性，并对我们的日常生活产生深远影响。

三、空间革命提升数字城市水平

空间革命着重于新技术和新理念对我们如何理解和使用空间的影响，包括物理空间和数字空间。这一概念对数字城市的影响巨大，因为它可以改变我们如何建设和管理城市。主要有以下几种方式。

1. 数字孪生技术的应用。数字孪生是虚拟环境中的真实世界模型。可以用于测试城市规划决策、优化基础设施管理或进行环境模拟，从而可以极大地提高城市规划和管理的效率和精确程度。

2. 远程工作和虚拟空间。新冠疫情期间，许多人居家工作，这改变了我们对空间的需求和使用，城市可能需要重新配置空间来适应这种变化。例如，通过提供更多的共享办公空间，或通过更加灵活的住宅和商业区规划。

3. 更加智能的交通系统。通过使用更先进的数据分析和人工智能技术，我们可以更有效地进行交通管理，并提高公共交通的整体效能。

4. 创新的公共空间设计。新的技术和社交媒体平台可以改变我们如何使用和互动公共空间。例如，通过使用虚拟现实和增强现实技术，可以创建全新的公共空间体验。

5. 云空间和元宇宙的开发。云空间开发和元宇宙兴起开启数字新篇章，使我们的数字身份不再仅仅存在于二维的屏幕上，而是在一个三维的、真实感强烈的元宇宙中。云技术为元宇宙提供了强大的后端支持，使得大量的数据能够流畅地在这个虚拟世界中传输。

6. 促进环境可持续性。新的数据收集和分析技术可以帮助我们更有效地管理资源，减少浪费，并提高能源效率。例如，通过实时监测和预测能源使用，可以优化能源分配，并推动更可持续的城市发展。

空间革命通过引入新的技术和思维方式，正在推动数字城市的发展，并对我们的生活方式产生深远影响。

四、数字城市和空间革命互动发展

数字城市和空间革命的互动是一个双向的过程。数字城市的出现和发展推动了空间革命，反过来，空间革命又为数字城市的发展提供了新的理念和技术支撑。其主要体现在：

1. 改变城市空间规划和管理的方式。数字城市依赖于大量的数据和先进的信息通信技术，它们可以帮助我们更好地理解和管理城市空间。例如，通过使用人工智能和大数据技术，可以创建更精确的城市模型，并进行更有效的资源配置。

2. 创造新的社交空间。数字城市还可以创造全新的社交空间。例如，社交媒体和其他在线平台让人们能够在数字空间中进行互动，这改变了人们的社交习惯，也改变了公共空间的使用方式。

3. 增强城市的可持续性。通过实时监测和预测城市的各种参数（如能源使用、空气质量等），数字城市可以帮助我们更有效地管理资源，减少浪费，提高能源效率。这种资源优化和环境保护的方式，也是一种空间革命的实现形式。

4. 适应和推动新的生活方式。远程工作和在线学习等新的生活方式的兴起，对数字城市的发展产生深层影响。数字城市需要更好的适应这些新的生活方式，来提升规划和管理水平。例如，通过提供更多的共享办公空间，或通过更灵活的住宅和商业区规划，以适应数字城市发展的需要。

总之，数字城市和空间革命是相互促进、相互影响的。数字城市发展正在推动空间革命，而空间革命又为数字城市发展提供了新的可能性，使其面向未来的挑战。

第三节　应对数字城市和空间革命挑战

一、从文明高度来认识

数字城市文明是在数字技术广泛应用的现代城市中，人们对于文明行为和文明价值有全新的理解和实践。这涉及很多方面：数字技术的使用、数据的处理、信息的传播、数字空间的共享、人机交互等。我们必须与时俱进，从数字文明高度来认识和把握。其主要内容包括以下几个方面。

1. 数字技术应用的伦理问题。随着数字技术，如人工智能、大数据、物联网等的发展，我们需要建立新的伦理规则来指导这些技术的使用，包括如何保持技术的开放、如何保护用户的隐私、如何确保算法的公正、如何避免技术的滥用等。公共部门对技术进步的监管应和数字技术的最新趋势保持一致，并在不限制技术发展的前提下为数字技术的应用设定一个合理的边界。

2. 数据的透明和可信。数据是数字城市的重要资源，也是数字化赖以运行的基础。如何处理和使用数据成为关系全局的重大问题，也是数字文明的充分体现。我们需要建立数据的透明和可信原则，如数据的收集、存储、分析、分享都需要遵守法律，尊重用户的权利，保护社会的利益。让用户成为数据真正的主人，最终形成对社会的利益的保护。

3. 信息的公正和多元。在数字城市中，信息可以快速、广泛地传播，如何保证信息的公正和多元尤为重要。完善信息鉴别的机制，发动全社会的力量对虚假信息的传播进行甄别和抵制，建立客观公正的平台，提高公众的信息素养，促进公开、平等、多元的信息环境。

4. 数字空间的共享和互动。数字城市创建了新的虚拟空间，如何让所有人都能共享和参与这个空间是一项挑战。我们需要打破数字鸿沟，提供无障碍服务，鼓励创新者、商家、消费者和普通民众积极地参与到数字环境中来，建立包容、互动、创新的数字社区。

5. 人机交互的人性化。在数字城市中，人们需要与各种智能设备和服务交互，如何让这些交互更加人性化十分重要。我们需要设计以人为中心的交互界面，提供情境化的服务，考虑人的感知、认知、情感、行为等因素，创造舒适、便捷、满意的用户体验。

数字城市文明是一个新的、复杂的、动态的领域，需要我们不断地学习、探索、创新。通过这个过程，可以使数字城市不仅技术高度集成，而且成为更加智能化、人性化的平台载体。

二、从实践维度主动应对

基于前沿技术突破的新赛道爆发式增长，原有城市生产、流通、消费活动等正在重构，新技术、新业态、新模式提高了城市资源配置的效率、提升了城市功能。

面对数字城市与空间革命的挑战，我们必须采取有策略性的应对方式，以确保这些技术变革能够带来真正的益处，并最大限度地减少潜在的负面影响。为此提出以下几点应对变革的建议。

1. 终身学习。技术的快速创新意味着我们必须持续地更新知识和技能。无论是在职场还是在日常生活中，终身学习都是非常重要的。为此，应鼓励在学校、企业和社区中进行二次教育和职业技能的再培训。

2. 数字素养的培养。在数字城市中，能够理解和应用数字工具是重要的一环。一方面，个人应自觉地提高数字素养和技能；另一方面，学校和社区组织应提供数字素养课程，确保每个人都能安全、有效地使用数字技术。

3. 注重隐私与数据安全。随着大数据和物联网的应用，个人和组织的数据安全面临前所未有的挑战。我们需要了解如何保护自己的数据，并支持对数据收集和使用的更加严格的法律法规。

4. 鼓励参与城市决策。数字城市为公民参与提供了新的机会。我们可以通过数字平台提出建议、反馈意见和参与公共事务。应该积极利用这些机会，确保城市的决策真正反映了市民的需求和意愿。

5. 培养跨学科思维。数字城市与空间革命的应用往往跨越了多个学科和领域。我们应该鼓励跨学科的研究和合作，确保技术变革能够综合考虑经济、社会和环境的因素。

6. 关注社会公正与包容性。虽然数字城市为我们提供了许多便利，但它也可能加剧社会不平等。必须确保数字技术的应用真正造福于每一个人，而不是仅仅为少数人服务。

7. 推动可持续发展。数字城市与空间革命为我们提供了许多解决环境问题的工具。应该利用这些工具，推动更加可持续的发展模式，确保未来的生活质量。

面对数字城市与空间革命，我们必须采取积极、开放和协作的态度。通过不断的学习、反思和创新，不仅可以让数字城市成为技术的集大成者，而且能让其变身为更加智能化、人性化的平台载体。

三、以积极态度加快行动

应对数字城市和空间革命的最佳方式就是积极行动。在这方面，国内外的部分城市进行了颇有意义的探索，取得了许多重要成果。

（一）数字城市与空间革命案例

新加坡是全球公认的数字城市模范，其"智能国家"策略使用了大数据、云计算和物联网等技术，以改善公共服务、提高生活质量和经济效率。例如，新加坡的智能交通系统通过实时数据分析和预测，有效地管理了城市的交通流，减少了拥堵。另外，新加坡政府也利用数据来优化公共服务，如医疗、教育和社会福利等。

空间革命——远程办公。在新冠疫情期间，远程办公成为全球的新常态。人们可以在家中工作，不再需要前往实体办公室。这改变了我们对工作空间的理解和使用方式，也带动了一系列的社会变化，如居住模式、交通模式等的变化。

数据驱动——数据地图。数据地图是一个典型的数据驱动的应用。通过收集和分析大量的地理、交通、用户数据，数据地图可以提供实时的导航服务，帮助用户有效地规划路线。而且，数据地图的数据也可以用于城市规划和管理。

以上这些例子展示了数字城市和空间革命的多个方面，包括信息技术的使用、空间的变化及数据的重要性。

（二）我国杭州市的智能案例

地方政府要加强特色场景机会供给，发布场景清单。城市或区域可以围绕特定赛道，重点加强城市建设、产业发展、科技创新三类场景供给。

早在 2016 年，杭州市就首创"城市大脑"的概念，开启智慧城市的建设。在此推动下，杭州市探索城市数字化建设的步伐不断加快。根据《中国城市数字治理报告（2020）》，杭州市数字治理指数居全国第一，正在成为中国"最聪明的城市"。城市大脑发展到今天，如何让一个城市从数字化到智能化再到智慧化？杭州市的案例提供了很好的参考答案。

杭州城市大脑数字界面集成"先离场、后付费""多游一小时""非浙 A 急速通"等 38 个应用场景，把城市大脑打包进市民手机。这是杭州城市大脑的最新成果，也是从数字化到智能化再到智慧化的生动界面。在此推动下，杭州市探索城市数字化建设步伐不断加快。数据显示，截至 2019 年杭州城市大脑已建成覆盖公共交通、城市管理、卫生健康等 11 个重点领域的 48 个应用场景、390 个数字驾驶舱，接口日均调用 863 万次。统计显示，2020 年杭州市数字经济核心产业实现增加值达 4290 亿元，增长 13.3%，对全市经济增长贡献率超过 50%。

说到现代城市，最直接感受就是拥堵，尤其是城市交通，近乎成了"顽症"，一些城市被形象地形容为"四肢发达""头脑简单"。为此，王坚院士曾感慨：红绿灯和交通摄像头在同一根杆子上，但由于没有通过数据连接，摄像头看到的东西永远不会变成红绿灯的变换。

所以，城市智能化若不能体系化联通，那么数字城市就形同虚设。杭州市以此为突破口，着力解决数据不通、交通不畅问题。从交通拥堵的感知切入，杭州市聚焦城市车辆的"在途量"这一关键点，通过智能优化，破解交通瓶颈问题。数据显示，杭州市机动车保有量是 360 多万辆，高峰期的在途量约 30 万辆，平峰期仅有 20 万辆。因此，交通治堵的对象不是 360 多万机动车保有量，而是高峰期多出的 10 万在途量。

杭州市通过城市大脑接管调控了 128 个路口信号灯，将试点区的能行时间缩减了 15.3%，高架道路出行时间节省了 4.6 分钟。在杭州主城区，城市大脑日均报警 500 次以上，精准率达 92%。

依据在途量，不仅能指挥信号灯优化时间配置治堵，还能根据路况精准"放量"。适度增加过往量，真正做到"还路于民""还时于民"。

同时，杭州城市大脑也在不断进化。围绕着民生需求的关注点，杭州市推出多个应用场景和办事事项。其核心理念是"让城市会思考、让生活更美好"。

近年来，浙江推行"最多跑一次"改革与城市大脑的有机结合，倒逼政府流程再造，让更多部门实现政务数字化协同，引领基层治理变革。其目标就是要实现"零纸质""零人工""零时限""零跑次"的4个零"无感智慧审批"，原则就是让大数据多跑腿，让办事者少跑路。

同时，建立完善城市智慧控制系统，数据指路、服务上门，在驾驶舱内感知城市脉动。通过数据共享、算法集成，在驾驶舱内可感知城市动态、把握管理全局，实时监测区内企业在平台运营情况，着力破解为企业服务"最后一公里"问题。从"人脑算数据"变成"城市大脑算数据"，实现城市管理无盲点。这些应用场景就是数字城市的真实写照。①

---

① 《给城市装上"大脑"——杭州市智慧城市建设调查》，《经济日报》2021年3月23日。

第一章

数字城市发展里程碑

第一节　数字城市的概念：定义及内涵演化

一、数字城市的定义

数字城市是利用先进的信息和通信技术（如互联网、大数据、物联网、云计算和人工智能等）来改善城市运营，提高城市治理效率，提升居民生活质量和城市发展可持续性的城市。数字城市的建设旨在通过数字化技术为社会治理、经济发展、公共服务等领域赋能，提升城市建设效率、改善城市运行形态，以促进城市理念升级、效能变革和可持续发展。数字城市通过空间信息技术、虚拟现实技术、数据库管理技术及计算机网络技术，对城市中的地理资源、生态资源、经济形态、人文社会等各种信息进行数字化，形成综合数据库和城市虚拟服务平台等，以实现城市的信息化、网络化和智能化发展。数字城市的建设可以提高城市的规划和管理效率，优化城市的资源配置和公共服务，提高城市的交通安全和应急响应能力，提升城市的吸引力和居民的生活质量。

二、数字城市的内涵演化

数字城市的概念演变可以追溯到1993年，当时荷兰阿姆斯特丹启动了一个名为"数字城市"的实验，旨在借助互联网为市民提供自由交流和沟通的数字化公共空间。随后，多个城市借鉴这一范例，数字城市相继出现，数字城市的概念也在欧洲逐渐兴起。1998 年，美国前副总统阿尔·戈尔提出"数字地球"的概念，进一步推动了数字城市的发展。"数字地球"是一个三维的信息化地球模型，其核心思想是通过数字化的手段对地球上的自然、人文和社会等信息进行数字化、网络化、智能化和可视化，以支撑社会的可持续发展决策。"数字地球"概念的提出使得数字城市的内涵与外延得到了进一步的扩展。

随着技术的不断进步和城市信息化需求的不断增长，数字城市的概念也在不断演化和提升。2008 年，IBM 公司提出智慧地球（smarter planet）的概念，包含物联化（instrumented）、互联化（interconnected）、智能化（intelligent），即通过超级计算机和云计算，实现更加精细、动态的工作和生活，在世界范围内提升"智慧水平"，最终实现"互联网 + 物联网 = 智慧地球"。IBM 将"智慧地球"这一概念与现实场景结合，进一步提出智慧电力、智慧医疗、智慧城市等六个实践方案，其中"智慧城市"致力于建设城市基础设施，提升城市治理和管理系统的效率，以及完善紧急事件响应机制。

从"数字城市"到"数字地球"，再从"智慧地球"到"智慧城市"，人类利用数字技术和信息技术对生产和生活环境不断优化提升的努力从未停止。在这样的背景下，数字城市的概念将不断迭代演化，其影响力也将不断扩大，其中数字（digital）与智能（smart）将始终扮演核心角色。

延伸阅读

全球第一个智慧城市

美国迪比克市是全球第一个智慧城市，迪比克市与IBM合作，利用物联网技术将城市的所有资源数字化并连接起来，包括水、电、油、气、交通、公共服务等，通过监测、分析和整合各种数据，智能化响应市民的需求，并降低城市的能耗和成本。迪比克市率先完成了水电资源的数据建设，给全市住户和商铺安装数控水电计量器，利用低流量传感器技术预防资源泄漏。

第二节　数字城市核心特征：技术重构体系

数字城市是利用数字技术、信息技术和网络技术，将城市的人口、资源、环境、经济和社会等要素以数字化、网络化、智能化、可视化的方式进行展现、决策、管理和服务的体系。

一、数字化处理

数字时代的基础设施从自建数据中心向依托"云网端"转变，技术群落从互联网技术（IT）向数字技术（DT）转变，数字孪生实现了城市规划、设计、管理、运营的一体化管控，城市信息模型（CIM）将建筑信息模型（BIM）纳入数字城市管理生态，更加强调数字技术与城市业务的相互渗透与深度融合。

二、网络化运行

互联网和物联网等网络技术实现了城市各种要素的信息共享和互通，万物互联推动了物和物的连接、人和人的连接、人和物的连接。以城市大脑为代表的城市管理综合信息平台建立起数据共享标准和接口，实现不同部门间的数据融合、协同，有效破除了各部门信息的条块分割，实现了城市管理与运行信息的整合与分享，降低了由于信息孤岛造成的过高成本，大幅提升了城市管理运行的效率。

三、智能化管理

超大带宽、海量连接、低时延，带来的不仅是数据量的爆炸性增长，大数据湖、流处理技术、边缘计算等技术的日趋成熟也极大地推动了"智能＋"的发展。数字城市借助人工智能、大数据分析等技术，对城市的数据进行分析和挖掘，实现城市的智能化管理和服务，同时也具备了强大的智能感知、情境感知与认知能力，人工智能在城市管理分析和决策中扮演着越来越重要的角色。

四、可视化呈现

虚拟现实、增强现实等可视化技术将城市运行的统计数字模型转换成图形图像，便于直观地观察整个城市的建设与运行情况，从而提供更加智能、便捷和高效的城市服务，方便市民对城市的认知和管理，大大提升了生产生活的便利度。

随着信息技术的快速发展和城市化进程的加速，数字城市的建设已经成为全球性的趋势，各个国家和地区都在积极推进数字城市的建设，以提高城市的竞争力、吸引力和居民的生活质量。数字城市的发展可以为传统城市的规划、管理、建设提供更加科学、便捷与高效的方法和工具。同时，传统城市也需要适应数字城市的发展趋势，积极应对数字化、网络化、智能化和可视化等方面的挑战，以实现城市的可持续发展。

第三节　数字城市发展历程：从 1.0 到 2.0

一、数字城市与城市数字化

数字城市并非通常意义的城市数字化，应当说，数字城市是城市数字化的结果，但城市数字化并不简单等于数字城市。数字城市是数字化发展新阶段所产生的新城市现象，数字化所引发的空间革命将全面推进人类社会进程，重塑空间形态。城市数字化是一个动态发展过程，涉及将城市的各种服务、管理、规划和基础设施通过信息技术转变为数字形式。城市数字化的目标是提高效率，改善公民的生活质量，并支持可持续发展。城市数字化可以包括将公共服务转移到在线平台，利用物联网技术监控和管理交通，或者利用人工智能和大数据来提高城市规划的效率和合理性。

数字城市既与城市数字化紧密关联，又是城市数字化的直接结果，具体指的是那些已经大规模实施了数字化转型，并在这个过程中实现了更高水平的效率、可持续性和生活质量的城市。数字城市不仅使城市运营更加高效、环保和安全，也可以提高市民的生活质量，推动经济社会的可持续发展。

城市数字化通常涉及以下几方面内容。

一是基础设施建设。包括硬件设施（如传感器、摄像头、无线网络设备等）和软件设施（如各类数据管理和分析平台）的建设和升级。

二是数据采集与分析。城市的交通、环境、能源、公共安全等方面都需要大量的数据进行决策。通过物联网设备、智能手机等工具进行数据采集，然后使用人工智能、大数据等技术进行数据处理和分析，以获取有价值的信息和知识。

三是数字化服务。公共服务、政府服务等逐渐数字化，如在线支付、在线教育、远程医疗、电子政务等。

四是智能化管理。通过实时数据分析和预测，进行城市各方面的智能管理，如智能交通管理、智能环保管理等。

五是信息安全和隐私保护。随着城市数字化，数据安全和隐私保护问题也越来越重要。这需要建立相应的法律法规、技术标准和管理制度，以保护公民的数据和隐私不受侵犯。

通过以上这些措施，可以有效地推动城市数字化进程，从而为塑造全新数字城市奠定基础。

二、数字城市的基础架构

从信息与技术的实际应用的维度来分析，数字城市的基础架构主要体现为以下几个方面。

1. 信息化。以信息为基础的数字化过程能够大大提升城市的运行效率。通过信息技术，可以收集、分析和使用海量数据来优化城市运作和服务，预测和解决问题，以及提高决策质量。

2. 连通性。数字技术可以提高城市的连通性，使信息、服务和资源能够更广泛、更快速地传播。这既包括物理连通性，如通过互联网连接不同的设备和系统，也包括社会连通性，如通过社交媒体和应用促进公民参与。

3. 智能化。通过人工智能和其他先进的计算技术，城市可以变得更智能，能够自我调整和优化，以应对各种复杂的挑战和需求。

4. 参与度。数字城市更加强调公民参与的重要性。通过提供更多的信息和通道，公民可以更加积极地参与城市管理和决策，从而提高政策的公众接受度和实际效果。

5. 可持续性。数字城市关注如何通过数字技术实现更加可持续的城市发展，包括环境保护、社会公平和经济效益。

6. 安全性和隐私保护。在数字城市中，数据安全和隐私保护是至关重要的。数字城市需要通过技术和政策手段来保护数据安全和隐私，以维护公众信任和社会稳定。

总之，数字城市的基本逻辑是通过利用数字技术的优势，提高城市运作的效率和效果，促进公民参与和社会发展，同时保护数据安全和隐私，推动城市高效率运作、高质量发展。

三、数字城市的技术演进

数字城市是数字技术演进的结果，正是由于数字技术不断优化升级，广泛渗透经济社会各个领域，才使数字城市脱颖而出。使用数字技术进行运营和管理，致力于使用这些技术来改善市民生活、提高环境可持续性、提升社区参与的广泛性、促进经济增长等，不断拓展数字技术应用新空间。

首先，数字化过程是建立在信息与通信技术（ICT）基础上持续创新的过程。从集成电路到互联网、从移动互联到智能互联，万物互联世界正在加速形成，生成式人工智能规模化进入生产和生活，这都有赖于ICT的源头支撑，从而奠定数字经济发展的坚实基础。正是在这个基础上，数字化发展新形态才不断创新，开创城市数字化新局面。

其次，随着技术迭代加快，特别是以生成式 AI 为代表的智能新时代的到来，推动人工智能向自主学习、人机协同增强智能和基于网络的群体智能方向发展，这将深刻改变经济社会发展逻辑。根据专家预测，到 2030 年，通用算力将增加 10 倍，人工智能算力将增加 500 倍。智能联接无处不在，预测到 2030 年，全球总联接数将会达到 2000 亿。这在目前联接量提高 10 倍的同时，将实现从人的联接，迈向物的联接，而且形成天地一体格局。[①] 数字技术不断创新，数字变革持续深入，推动数字城市和空间革命加快发展。

四、数字城市的进化过程

数字城市奉行的理念是将城市各种要素，如城市规划、设施管理、居民生活、商业运营等全部数字化，从而提高城市运作效率，提升居民生活质量。

数字城市理念的形成伴随着城市数字化的不同阶段，并随着数字技术创新应用而逐步深化。从总体发展进程来观察并根据相关资料归纳整理，大致分为以下几个阶段。

1. 信息化城市阶段（20 世纪 90 年代至 21 世纪初）。 在这个阶段，各种信息化设施开始在城市中部署，如有线电

---

① 华为：《智能世界 2030》。

视、宽带互联网等。这些基础设施为后续的数字化提供了基础。

2. 数字化城市阶段（2005 年至 2015 年）。 随着数字技术进步，以及加快推进城市数字化转型，城市的各方面功能开始数字化，如交通管理、公共服务、企业运营等。在这个阶段，城市的信息化设施被更广泛地应用，开始出现如在线购物、网上银行等新的服务形式。

3. 智能化城市阶段（2015 年至今）。 在这个阶段，城市开始引入大数据、人工智能等先进技术，进行智能化改造。例如，利用大数据对城市交通进行智能化管理，通过人工智能进行智能安防系统建设等。

4. 未来城市阶段。 面向未来，城市将全面数字化，从更广领域实现自动化、智能化。例如，无人驾驶汽车将成为主流，人工智能将全面参与到城市管理中，互联网将更深入地融入人们的生活中，真正实现现实空间和虚拟空间深度融合发展。

以上只是数字城市演进过程的概述，每个城市在实际过程中可能会因为自身的特点和条件而有所差异。同时，随着科技的发展，数字城市的内容和形态也会继续深化。

五、数字城市的驱动力量

工业化驱动的城市革命与城市化驱动的城市革命，对全球的城市经济、社会和文化产生了重大而深远的影响。但是，这两种革命有其根本的差异和不同特点。

1. 工业化驱动的城市革命。 在 18 世纪至 19 世纪的工业革命中，随着机械化生产的兴起，许多传统农村地区迅速转变为工业中心。工厂对劳动力的需求导致大量农村人口涌向城市，城市革命如期而至。

其主要特点：一是城市开始发生结构性转变，以满足工业生产和劳动力居住的需求。二是大量的移民（以农业人口为主）涌入城市，导致城市人口爆发式增长。三是新的交通方式，如铁路和有轨电车开始出现，以进一步满足城市交通需求。四是出现了新的城市问题，如拥挤、污染、贫民窟等相伴而生，"城市病"逐步显现。五是城市变得越来越重要，开始成为经济、文化和政治的中心，并拉开城乡差距的序幕。

2. 城市化驱动的城市革命。 这是一个相对较新的现象，特别是在 20 世纪后半叶和 21 世纪初。随着全球经济的发展和信息技术的进步，城市自身变得更为复杂和多样，不再仅仅依赖于工业生产，其商务活动和服务领域不断拓展，并逐渐成为重点。

其主要特点：一是城市成为知识、创意、技术和金融的中心，并不仅仅是工业中心，而且非工业领域呈趋势性发展态势。二是城市间的互联互通进一步加强，多元连接广覆盖，并形成了全球城市网络。三是城市空间重组力度加大，更加强调交叉融合、文化多样性和可持续性。四是公共服务和基础设施变得更加先进，如公共交通、通信网络等。五是城市治理和规划突出民主性，采用广泛参与和多元协同的方式。

3. 比较分析。第一，从驱动因素看，基于工业化的城市革命主要是由工业生产驱动的，而基于城市化的城市革命更多地受到全球经济、技术和文化的影响。第二，从城市形态和结构看，工业化城市革命重视生产，城市结构围绕工厂和工人住宅组织；而城市化城市革命则强调多功能、多样性和连接性。第三，从治理和参与看，工业化城市革命时期，城市治理往往集中在少数人手中；而在城市化城市革命中，治理变得更加民主、参与更透明。第四，从全球连接看，工业化城市革命更注重地方和国家经济，而城市化城市革命强调全球连接和合作。第五，从环境的可持续性看，工业化城市革命在快速发展的同时也伴随着城市污染为代价；城市化城市革命更加关注环境问题和可持续性，这在很大程度上是现代环境危机的倒逼机制所致。

总之，工业化驱动的城市革命与城市化驱动的城市革命都为我们展示了城市的变化和发展。但它们的驱动因素、特点和影响有所不同，反映了不同时代的经济、社会和技术条件差异。

第四节　数字城市发展趋势：城市迭代创新

随着空间革命不断深入，数字城市发展日益完善。同时，数字城市也反过来推动空间革命不断深化。其整体演变过程正如《全球城市史》一书揭示的："工业革命的开始极大地加快了城市发展速度"，从英国的"工业城市"，即"主要依靠大规模生产产品的城市"，到美国以"制造业为中心"的城市化，以及印度的"城市革命"。随着工业化、后工业化和城市化交织而行，涌现一批"新城市"。① 数字化从更深层次和更广领域加速了城市变革的进程。

因此，城市的空间维度变迁是技术进步和产业变革推动的，一部城市发展史就是技术与产业变革史。技术和产业变革无止境，城市创新发展亦如此。

一、发展重点与趋势

数字城市功能创新主要围绕使用新的技术、数据和工具来提升城市运营效率，提高公民的生活质量，以及增强城市的可持续性和韧性。

（一）发展重点

智能交通：通过使用大数据、人工智能和物联网技术，我们可以优化交通流量，减少拥堵，提高公共交通的效率性和准时性，同时减少碳排放，进一步优化环境。

能源智慧管理：通过利用智能电表、能源管理系统和机器学习算法，我们可以优化电力的使用，减少浪费，增加可

---

① 参见乔尔·科特金《全球城市史》，王旭等译，社会科学文献出版社 2006 年版，第 184、133、233、234 页。

再生能源的使用，改善电网的韧性。

数字化公共服务：通过数字平台，公众可以更方便地获取各种公共服务，并可以提高公共服务的效率，减少公共资源的浪费。

城市场景革命："流量造城""IP广场"成为新场景，从过去以文化消费为主，向现代经济领域延伸，促进形成城市发展新动力。

实时环境监测：通过物联网传感器和数据分析，我们可以实时监测城市的环境质量，如空气质量、水质、噪声等，及时发现问题，快速采取措施。

公民参与平台：通过社交媒体和其他数字平台，公众可以更直接地参与城市的决策和规划，提出他们的意见和建议，增强公民的参与度和满意度。

智能应急响应：通过数据分析和预测，我们可以提前预测和准备各种紧急情况，如自然灾害、疫情等，提高城市的应急响应能力和风险防范能力。

以上列举的是数字城市的基本方面，或者说只是一些大致的方向。实际上，数字城市功能的创新还会涉及城市的每一个角落，每一个领域。关键是如何利用新的技术、数据和工具，以满足公众的需求，提高城市的效率，保护环境，增强城市的包容性和可持续性。

（二）发展趋势

数字城市与空间革命在当今的社会背景下呈现多种发展

趋势，这些趋势揭示了技术、社会和经济结构的深层次转变。主要体现在以下几个方面。

1. 集成化。数字城市涉及的领域众多，包括城市管理、交通运输、教育、医疗、建筑等，这些领域的信息相对孤立，数据难以共享，使得城市的智能化水平受到限制。随着城市集成化的发展，这些领域的信息系统将逐渐融合，形成一个统一的城市管理平台。例如，将交通管理和公共安全的信息系统集成，可以实时监测城市的交通状况和公共安全状况，实现城市交通的安全、高效、便捷。

┊ 延伸阅读 ┊

城市信息模型

城市信息模型（CIM）是以建筑信息模型（BIM）、地理信息系统（GIS）、物联网（IoT）等技术为基础，整合城市地上地下、室内室外、历史现状未来等多维多尺度信息模型数据和城市感知数据，构建起城市三维数字空间的信息有机综合体。

CIM基础平台总体架构包括四个层次和两个体系，四个层次分别是：1. 基础设施层。包括信息基础设施和物联感知设备。2. 数据资源层。构建至少包括时空基础、资源调查、规划管控、工程建设项目、物联感知和公共专题等类别的CIM数据资源体系。3. CIM平台层。是CIM基础平台的核心，由CIM数据管理平台、CIM统一服务门户、

CIM 可视化分析"一张图"、运维管理平台和平台开发接口组成。4. CIM + 应用层。基于 CIM 基础平台提供的数据资源和服务资源，通过二次开发扩展建立桌面端、Web 端和移动端的智慧应用，如城市规划、城市建设、城市运行管理、城市更新等。

两个体系分别是：1. 标准规范体系。建立统一的标准规范，指导 CIM 基础平台的建设和管理，并与国家和行业数据标准与技术规范衔接。2. 信息安全与安全保障体系。按照国家网络安全等级保护相关政策和标准要求建立信息安全保障体系。

CIM 总体架构的各层次之间相互依赖，上层对下层具有依赖关系，横向层次的上层对下层具有约束关系，纵向体系对于相关层次具有约束关系，有助于实现数据汇聚、模型单体化、轻量化、数据检查、数据融合、服务共享、决策分析等功能，为上层应用提供服务支撑，从而更好地支持智慧城市业务应用。

2. 数据化。数据是数字城市的重要资源，通过收集和分析各个领域的数据，可以深入了解城市的运行状况和发展趋势，为决策提供科学依据。大数据湖、流处理技术、边缘计算等技术的日趋成熟，导致大数据服务提供商的能力越来越强，服务范围从传统的电信业、金融业扩展到健康医疗、交通物流、资源能源、教育文化等领域，个性化定制等新模式、新业态不断涌现。例如，通过分析公共交通的数据，可以了解公共交通的需求和供给情况，为交通规划提供依据。通过分析医疗数据，可以了解疾病的流行情况和医疗资源的配置情况，为医疗政策提供依据。

┊**延伸阅读**┊

物联网与大数据

广泛普及的物联网（IoT）应用。物联网技术已经在城市管理、交通、环境监测等方面取得了明显的效果。预计未来将有更多的设备、传感器和系统被连接起来，为城市运营提供更多的数据和智能化的解决方案。

空间数据的融合与分享。随着遥感、无人机和其他空间数据获取技术的发展，城市将产生更多的空间数据。这些数据不仅可以用于城市管理和规划，还可以被共享和用于其他应用领域。

---

3. 智能化。智能化是数字城市的核心特征。未来，城市的各个领域将广泛采用智能化技术，包括人工智能、物联网、大数据等，实现城市管理与运行全面智能化。例如，智能交通系统可以通过传感器和算法自动调整交通信号，优化城市交通流量，减少交通拥堵。智慧医疗系统可以根据患者的医疗记录和健康状况自动推荐治疗方案和药物，提高医疗质量和效率。

人工智能在城市中的应用

人工智能的融合发展。随着数据的增加，人工智能（AI）和机器学习在数据处理、预测和决策支持中的作用将更加明显。例如，AI 可以帮助优化交通流量、预测天气变化或者监测能源消耗。特别值得关注的是，生成式人工智能在经济社会领域广泛应用，将引发新的革命性变化。

数字身份认证。居民不需要携带各种证件，通过简单的面部或指纹扫描，就可以完成身份认证、支付或其他事务。

虚拟与现实的交融。随着虚拟现实和增强现实技术的发展，数字城市将实现虚拟和现实的深度融合。这不仅为娱乐和教育提供了新的可能性，还为城市设计和管理提供了新的视角。

4. 可持续化。可持续化是数字城市发展的重要方向。数字技术和智能化技术的广泛应用，可以实现资源的优化配置，减少能源消耗和环境污染。例如，智能能源系统可以根据实时的能源需求调整供电量，减少能源浪费。智能建筑可以通过传感器和算法自动调节室内环境，提高建筑物的能源效率。

5. 人性化。数字城市的发展必须以人的需求为出发点和落脚点。未来，数字城市将更加注重人的生活品质和幸福感。政府可以通过大数据平台积极追踪公共服务过程，获取公众对公共服务质量的评价，进而改善公共服务，提高公众的满意度。政府还可以在长期掌握和了解各层次服务需求的基础上，分析预测公众未来需求，从而提供更加精准化和个性化的公共产品和服务。

|延伸阅读|

城市的可持续化和人性化发展

更加人性化的城市设计。空间革命使得城市规划更加重视人的体验。无论是公共空间、住宅区还是工作场所，都会更加注重人的需求和舒适度。

绿色和可持续发展。随着气候变化的严峻挑战，数字城市更加强调环境保护和可持续发展。通过数据和技术，城市可以更有效管理资源、减少污染和提高能源利用效率。

公众参与和共治。数字城市将为公众提供更多的参与机会。通过数字平台，市民可以对城市决策提出建议、反馈意见或参与共同治理和公共项目。

数字城市与空间革命的发展趋势揭示了一个更加智能、人性化和可持续的未来。这需要我们在技术、管理和政策上进行不断的创新和调整，确保数字城市真正为人类带来福祉。

二、数字城市国际化

数字城市的国际化是城市利用数字化手段提升其在全球

范围内的影响力、吸引力和竞争力。这种趋势的发展主要有以下几个特点和可行路径。

1. 数字经济的全球化。随着数字经济的发展，各类数字产品和服务已经可以跨越国界，在全球范围内流通。这使得城市可以利用其在数字经济领域的优势，吸引全球的消费者、企业和投资。例如，平台为跨境购物创造条件并衍生出新的产业形态，其规模越来越大。

2. 全球数据流动。数据已经成为全球经济的重要驱动力，数据的全球流动正在改变城市的角色和影响力。例如，一个城市可以通过收集和分析全球的数据，了解全球市场趋势，优化其政策和服务，吸引全球的人才和资源。

3. 数字技术的全球合作。随着数字技术的发展，各国和城市之间的技术合作也越来越频繁。这使得城市可以利用全球的技术资源，推动其数字化的进程，提高其国际竞争力。

4. 数字平台的全球拓展。伴随着全球化，许多数字平台已经开始在全球范围内拓展，成为链接全球市场、人才和资源的重要渠道。这使得城市可以利用这些平台，提高其在全球范围内的知名度和影响力。

5. 全球治理的数字化。随着数字技术的应用，全球治理的方式也在发生变化。例如，各国城市可以通过数字平台进行全球问题的讨论和决策，加强互联互通，这使得城市有更多的机会参与全球治理，影响全球的政策和规则。

6. 全球化与本地化平衡。在数字城市中，全球化和本地化的关系变得更加复杂。城市需要在引入全球资源和技术的同时，保持本地文化和特色。

数字城市国际化是一个复杂的过程，涉及经济、社会、数据、技术、平台、治理等多个维度。通过这个过程，城市可以更好地利用全球的资源，应对全球的挑战，提升其在全球范围内的地位和影响力。

第二章

数字城市新功能

近年来，随着信息技术的迅猛发展和在城市建设过程中的广泛应用，数字城市应运而生。数字城市通过5G、物联网、大数据、云计算、人工智能、区块链等新一代信息通信技术，获取与城市发展相关的海量数据，进行存储、计算、分析和决策，实现对城市整体运行环境状态的实时、全面、自动、透彻的信息感知，并以可视化、网络化、智能化的方式对实体城市进行数字化再现和升华。数字化技术与物理城市深度耦合、融合共创，数字政务、智慧交通、智慧医疗、智慧社区等大量场景层出不穷，不断革新城市的运行形态，在提升城市运营效率、提高公民生活质量、推动城市治理体系和治理能力现代化、增强城市的可持续性和韧性等方面发挥了重要作用。

数字技术在城市空间中的运用，构建起互联互通、全面智能感知的城市基础设施体系，提升了运行监测、预测预警、协调调度、决策支持等治理功能，在打造高效的政务服务体系、便捷的生活服务体系、智能的城市运行管理体系等领域不断拓展应用，推动城市功能创新。

第一节　引领城市运行"高水平"

数字科技凭借其透彻感知、泛在互联、融合应用等特征，被广泛应用于交通、环保、应急等重点领域，奠定了数字城市智慧化运行的基础。

一、交通出行智能化

智能交通是各国各地数字城市建设采用的最基本也是最常见的服务功能，是将物联网、5G及AI、边缘计算等技术集成到交通管理体系中，使行人、车辆和路网有效结合起来，改善交通环境来提高路网利用效率，缓解交通拥堵等问题。

首先，智能交通服务系统可以为市民出行提供实时准确的交通信息。北京市自2018年启动的智慧公交系统，将物联网终端部署到城市街道、桥梁、交叉路口、信号灯和收费站等位置，为每辆公交车部署了物联网终端和5G终端。指挥调度中心实时获取公交车行驶路线、路况、信号灯情况、车辆状况及乘客数量等信息并处理后，将数据下发至相关公交站牌。市民可通过公交站牌显示屏或手机App查看整条运营线路上每辆公交车的位置。新冠疫情发生后，为方便市民合理安排出行，市民可通过App查看公交车车厢实时人员聚集情况，有助于进行疫情防控。[①]

其次，智能交通服务系统还能在复杂的交通环境下实现城市交通的智慧化管理。由于交通拥堵问题日益严重，虽然

---

① 焦伟：《物联网在数字城市建设中的应用场景分析与探索》，《中国新通信》2023年第8期。

特种车辆在执行任务时具有法律赋予的优先通行权，但是在实际运行中，受社会车辆的影响，很难实现优先通行。尤其是在拥堵路段，特种车辆很难快速通过，严重影响了城市应急救援服务的效率。杭州市萧山区在 2019 年提出开发一套"一键护航"系统的需求，希望针对一定等级的突发事件，为 120 等特种车辆规划最优的行进线路。中控信息快速响应这一创新需求，通过视频和轨迹的实时信息，以 AI 自动控制信号灯，实现秒级响应，提前锁定并清空前方排队车辆，在不闯红灯、基本不影响其他车辆的情况下，使特种车辆安全、快速、顺利地通过每一个路口。目前，萧山区全区已完成了所有120急救车"一键护航"应用的全覆盖，涉及萧山区 7 家区级医院、17 个救护站、26 辆救护车。从实际保障的 ECHO 级的紧急救援任务运行数据来看，与导航路径测算的时间比，平均缩短了近一半，与未启用该应用前的历史数据比，时间缩短了近30%，① 开辟了救援的交通"绿色通道"，为伤者赢得更多宝贵的救治时间。

最后，智能交通服务系统在缓解城市停车难等问题上也有较好的应用效果。杭州市在全国首创"先离场后付费"便捷泊车系统，通过"一次绑定、全城通停"，有效缩短了车辆离场时间，使停车变得既方便又快捷。2022 年，该系统已经实现了杭州全市覆盖，接入了 4700 个停车场库、130 多万

---

① 丁佳：《中控信息：价值驱动的数字城市实践者》，《信息化建设》2022 年第 9 期。

个泊位，服务 8136 万人次，泊位指数（周转率）从 1.6 提升到 1.9，相当于多出来超过 22 万个车位。①

二、环境监测实时化

随着物联网、无线传输、嵌入式技术的发展，物联网、5G 技术在大气、水质、噪声等各种场景的环境监测中应用越来越广泛。依托各类监测仪、传感器等设备对环境进行监测，不仅降低了对人工的依赖，减少了人工检测方式导致的延误和误差，有助于降低检测成本，而且由于网器联动，可以将收集到的数据上传至网络平台，实现对检测数据的存储、分析、诊断、预测、转发等系列功能，为环境治理提供更为全面的信息数据支撑。南宁市政府携手中国移动广西公司开发河长制信息化监督管理平台，利用"互联网＋平台"实现基础信息的在线查询和巡查问题在线处理等功能，助力生态治理工作的开展，推动"一河一档"及"一河一策"建设，显著提高水环境综合治理的效率。还采用 5G 技术为生态环境执法监管提供支持，增强执法的效能。在监管实际中利用中国移动建设的"扬尘污染治理慧眼"系统，对全市扬尘污染治理各个环节实行 24 小时全天候监管，同时汇集环保在线监控信息及工程车辆实时化信息等数据，引入各类信息化技术手段，使执法效率得到提高，同时降低了执法成

---

① 杭州市数据资源管理局：《科技铺路，数字赋能——杭州以数字化改革为引领打造智慧城市》，《中国新闻发布》2022 年第 4 期。

本，持续改善城市生态环境质量。①

三、应急响应高效化

我国幅员辽阔，地理地质和气候条件复杂，自然灾害类型较多，常见有旱灾、洪灾、地震、森林火险、严重泥石流等。传统防灾救灾主要依靠人工监控，受人为因素影响较大，存在未能发现或发现不及时的隐患。数字城市灾害防控系统在灾害多发地域部署多样的物联网监测传感器，实时采集各类数据，并将数据利用 5G 技术传输至后台处理系统，利用大数据挖掘和 AI 技术，将实时数据转化，并与历史数据和各类灾害模型进行分析与比对，得出告警阈值。一旦发生灾害，可以第一时间告警，并通知相关方对灾害进行控制与抢救。例如，2019 年 6 月 17 日，我国四川省宜宾市长宁县遭受 6.0 级地震灾害。但宜宾市提前 10 秒、成都市提前61 秒收到了地震预警网利用预警系统发出的地震预警通知。该预警系统以物联网为建设基础，在处于地震带的主要区域部署大量的地震预警监测终端，当地震突发时，利用电信号比地震波传播速度快的原理，可以提前数秒至数十秒向民众自动发出精确到秒级的警报，从而达到紧急避险、减少伤

---

① 陆启洲：《数字城市与城市信息化建设发展路径研究》，《数字通信世界》2023 年第 3 期。

亡、降低损失的目的，最大限度确保百姓的生命财产安全。①灾害防控系统通常需要充分整合气象、消防、医疗、环保、市政等多部门数据，方便在灾害发生时对相关资源进行统一管理、动态调配、快速响应。

同时，随着新的城市运行模式的出现和网络空间的发展，城市发展的不确定性、风险点和治理要求不断增加，要求数字城市建设更加注重提升对城市运行风险和突发事件的快速感知、智能分析和灵活处置能力，通过建立判断精准、反应迅速的城市突发事件应急支撑体系，实现从"事后应对"到"事前预防"的转变。2021年，成都市成华区利用视联网、物联网等技术，完成"智慧安防社区管理平台"建设，以形成城市安全风险识别、风险管控、综合处置的整套流程，提升突发事件指挥调度、模拟仿真和安全保障水平，力求实现安全防控的"零缝隙"，新型智慧安防小区覆盖全区30%以上的住区。具体策略如下：一是采取固定探头方式实现区域组建的覆盖。依托智慧成华治理平台，整合各类固定探头共计1.2万余路，涵盖了公共道路、小区院落、地铁车站、学校医院等场所，基本实现了院内院外全覆盖。二是利用移动探头消除盲点。由于固定探头不能实现100%全覆盖，成华区探索出将公安巡逻车、城管执法车、综治巡逻车等公务车辆的"移动探头"整合接入智慧治理中心的新做

---

① 焦伟：《物联网在数字城市建设中的应用场景分析与探索》，《中国新通信》2023年第8期。

法。三是利用高空探头抓重点。成华区在 339 电视塔、总部城等高层建筑布点的基础上，继续在阳光米娅 100、动物园等多个制高点安装多台高空高清摄录机，这些设备能够清晰抓拍 7 公里范围内的任意物品。高空探头具有大视角、远距离、高清晰的优势，为群体性事件、大面积火灾、较大交通事故等突发事件的发现和处置提供了重要技术手段。[①] 此外，还在部分重点区域试点部署人流监测、手机信号监测等系统，将各类信息数据整合进行安防研判，大大提升了城市安防问题的发现率。

第二节　助力居民生活"高品质"

数字城市建设应该以人为本，密切关注人的需求，使数字手段的使用真正服务于公众，提供更多更好的便民惠民服务，提升人们生活的便利度和获得感、幸福感、满足感。

一、公共服务更便捷

近年来，山东省青岛市以打造"数字中国"建设示范区、"数字山东"引领核心区为航向，推动数字化转型改革与城市经济社会各领域全过程深度耦合，多项数字化转型改

---

① 谢小芹、任世辉：《数字经济时代敏捷治理驱动的超大城市治理——来自成都市智慧城市建设的经验证据》，《城市问题》2022 年第 2 期。

革做法在全国推广。

在智慧教育方面，建成"义务教育入学一件事"，整合接入9个部门14项基础数据，学生入学报名过程"零证明""零跑腿"；建成"全市一个教育平台"，用户数量达80余万，整合5级60余款教育信息系统，接入1.6万余台校园视频监控，建设70余项教育数据应用，数字校园建设覆盖率达100%，为全市师生、管理者和市民提供智慧教育"一站服务"。在智慧医疗方面，实现分时段预约挂号、全过程数据查询、全流程主动提醒、多渠道便捷支付等服务，建成"就医付费一件事""医疗费用报销一件事"。汇聚10个区（市）平台、101家医院、15.03亿条电子病历数据、1.69亿条健康档案数据，电子健康卡普及率99%，居民电子健康档案动态使用率75.2%。建成50家互联网医院，二级及以上医疗机构预约诊疗率基本达到80%，预约挂号和预约检查时段三级医院分别精确到20分钟、30分钟，二级医院分别精确到30分钟、40分钟。在智慧人社方面，建立社保待遇领取资格大数据认证服务体系，认证过程"无感知、零打扰"。"智慧养老"为全市209万待遇领取人员实现无感认证，养老保险待遇资格无感认证通过率达94.5%；推动284家养老机构、197家镇街级居家社区养老服务中心和583处社区服务站点统一纳入青岛养老服务地图，最大限度为老年人提供贴心服务。[①]

---

① 余博：《2022数字城市百强榜 青岛位列全国第七》，《青岛日报》2022年11月10日。

二、社区服务更贴心

浙江省宁波市奉化区依托省"数字门牌"和市"通治码"双试点，以"空间＋治理"为理念，聚焦地名地址标准缺失、社会治理要素分散、数据共享效率不高等问题，谋划开发"浙址通享"应用，探索构建地名地址全生命周期标准化体系，构建数据驱动下的高效互联共享、智慧协同的治理和服务体系。奉化区聚焦"万码奔腾""一码一App"等群众生活中的烦心事，探索二维码开放式应用和管理模式，为群众智慧生活提级赋能。一方面，以门牌二维码为载体，规范二维码开放式赋码规则，精准细分二维码各字段对应的使用领域，有序整合政府、企业、生活等各类二维码，逐步实现"多码合一"。另一方面，以"浙址通享"应用为载体，打通智慧民政、未来社区、"家门口"等平台功能，整合社区服务、商务服务、公共服务等各类服务，为群众生活提供智慧服务。2023 年，二维码门牌已覆盖 260 条道路、48 个小区、205 个村（社）、106466 户，已整合众安码、租房码等 3 类、7 个二维码，不同用户、不同 App 扫描二维码均可精准导航到对应的平台。用户端小程序已开发"门牌服务""生活服务""地区特色""十五分钟生活圈"等四大场景、25 个子场景，其中，"家门口"子场景已拓展托育、养老等 50 余项刚需服务，单社区月均服务数由 20 余次增至 830 余次，社区活动开展数由月均 40 余场增至 70 余场，服务适配度由

65% 提升至 97% 以上，活动好评率由 91% 提升至 99%。①

四川省成都市的天府市民云也是一个典型的以市民需求为核心驱动的服务平台。截至目前，注册用户量已经突破1000 万人，覆盖 50% 以上的成都居民。天府市民云集成成都市 60 余个市级部门及相关单位的 241 项服务，以及 20 余个区（市）县部门及相关单位的 449 项特色服务，服务覆盖婴幼服务、文体教育、民生保障、就业创业、家庭生活、交通旅游、健康医疗、养老服务、环境气象、法律服务等与市民就业、生活息息相关的各个方面。用户仅需通过一个经过实名认证的个人账号，就能实现"查、约、办、缴"等全方位的市民服务掌上通办。天府市民云构建了市、区和社区三级市民服务体系，未来将面向全四川省各地市州逐步拓展，形成国内领先的区域一体化生活服务平台。"智享社区"是天府市民云的一个战略业务板块。它以"基层治理能力的现代化"及"市民获得感"为建设目标，利用物联网、云计算、大数据、人工智能等新一代信息通信技术，打造一站式智慧治理、共建共享的未来社区体系。该体系包括 1 个发展治理平台、1 个社区支撑中台和 N 类社区服务生态。发展治理平台涵盖项目及资金管理、社情民意及满意度、社区人才库、社区流动人口服务和社区资源管理等多方面；社区支撑中台可以打破原有的孤岛式技术结构，通过统一社区数据采集标

---

① 岁正阳：《打造"空间 + 治理"数字城市样板区》，《中国改革报》2023 年 2 月 3 日。

准，采用城市信息模型、人工智能算法，以及软件即服务等技术，有效衔接、支撑社区治理和社区服务两大平台；N 类社区服务生态则强调在全国范围内寻找社区服务相关企业合作，重点关注公共服务、便民服务、物业服务、全民康养、创新创业和出行服务等领域，打造多样、完善的一站式社区服务生态圈。2021 年 7 月，天府市民云还正式上线"可信生活圈"平台，首批吸引了四川广播电视台、成都日报社、红星新闻等一批权威媒体入驻，为市民提供权威、及时、可信的各类新闻资讯和政策。市民可以在平台上"听可信声音、观身边趣事、聊本地发展、找社区圈子"，真正享受到"以市民为中心"的全新数字生活方式。①

第三节　推动政府治理"高效能"

数字城市建设强调数字技术与不同城市治理场景相耦合，通过激活数据资源和发挥数据技术在城市治理中的作用，推动城市治理变革。一方面，充分发挥数字技术全面感知、智能决策的赋能效应，升级城市治理工具与手段，高效识别、精准把握城市问题与治理需求，实现快速响应、快速反馈与及时精准的供需匹配，从城市治理的供给侧提升治理

---

① 张永平、张蔚文：《促进城市治理水平提升的智慧城市实践》，《人工智能》2021 年第 5 期。

效率，打造一种全领域、全链条、全场景、全周期的社会治理崭新形态。另一方面，通过各种数字技术，强化社会主体的公共参与意识，拓宽公共群体的表达渠道，动态优化个人的选择架构，满足公众的差异化需求，推动治理的高效可持续发展。

一、强化数据决策，优化治理流程

数字技术被引入城市治理领域，开启了城市治理的全新时代。物联网、大数据、人工智能等数字技术的运用将复杂的超大城市运行体系纳入多维度、动态化的数据池和数据算法系统中，确保实时、在线、量化和可视化地观测城市的运行，城市的运行规律、动向与趋势能够借助数据和算法进行智能研判与预警，为城市运行的管理者、监督者和其他责任主体呈现更为精准和直观的城市信息，充分发挥基于动态数据的数字城市精准化、科学化辅助决策的支撑作用。这种"算法替代经验"的治理方式可以让城市治理决策从依靠直觉和经验发现问题的模式向数据和算法驱动决策的模式转变，实现决策反馈体系的优化和更高效的城市治理。北京市东城区推出网格化的城市管理新模式，通过以万米为单元将街道划分成网格，对网格内城市部件（路灯、邮筒等）编码，并配备专门的网格管理人员进行数字化管理。通过使用数字化手段，将传统的被动应对城市问题转变为主动发现和解决问题，管理效率和精度大大提高，且在治理实践中逐渐形成权责分明、便于考核的管理方式。在新冠疫情的防控实践中，正是通过网格化管理方式，及时了解了常住人口、户籍人口的健康状况，并做好监测、消毒、通风和卫生环境整治等相关工作。

同时，数字技术的应用使得城市治理场景从物理场景向数字场景转变，在一定程度上有助于理顺治理机制。治理平台将庞大的用户群体、海量的用户数据、关键性的治理资源、不断升级的技术服务与多元化的社会关系等多种资源融入自身的生态系统，突破了区域和空间的界限，打通了行业与领域的边界，打破了条块业务系统互不相连的树状结构，形成了横向到边、纵向到底、互通互联的矩阵结构。这种一体化与全连接的数字场景的扩张拓宽了城市治理的内容与服务边界，带动跨部门的数据开放与治理结构的优化，有助于数据、信息、技术与其他治理资源围绕特定的数字场景与治理任务展开重组与配置。上海运行的"一网通办"和"一网统管"平台，即是通过技术整合、流程再造和制度创新，形成集治理主体、治理资源、治理要素、治理事务与治理流程于一体的治理平台，以汇集数据、释放算法算力，致力于"高效处置一件事"。"一网通办"强调打通不同政府部门信息系统，市民只需通过实名注册、登录政务应用（随申办App）或网站等，便可快速办理各类政务服务事项；"一网统管"则是强调在平台上数字化呈现城市治理要素、对象、过程和结果等各类信息，并对各类事项进行集成化和闭环化处置。"一网通办"推动政务服务改革，优化营商环境，"一网统管"促进城市精细化管理，保障城市安全、有序、高效地运行。"两张网"互为支撑，通过现代信息技术手段共同推动城市治理的数字化、智能化和精细化转型，提升超大城市的治理水平。

二、开放互动平台，探索多元共治

数字城市建设注重城市中利益相关者的参与感、获得感和幸福感，尤其强调城市居民在数字城市建设中的广泛参与行为。通过开放政府数据门户、引入社交媒体平台等，为公众提供与政府互动的机会，以便更加及时、全面、深入地了解公众需求，为其提供更为精准化、个性化的服务。政府还引导群众主动行使城市服务监督权，积极建言献策，参与城市治理。2022 年，沈阳市城管执法局在市大数据局的支持与指导下，紧紧围绕城市管理痛点难点，推进精细化管理一网统管（运管服）平台建设。其中，搭建信息查询及问题反馈平台，问计于民、问需于民、问效于民，鼓励市民参与城市共治，成效显著。具体做法包括：一是梳理城市治理 237 类问题清单，建立"城管主导，社会协同，百姓参与"的全链条管理模式，市民发现问题可及时上报，大到路面塌陷、小到井盖破损，通过这张网，处置率超过 90%，处置时间由原来的几天减少到最快几个小时。二是优化为民服务路径，设置"沈阳好店铺"二维码牌，手机扫码，点选"我是市民"，可查询店铺信息、上报问题；点选"我是商户"，可维护店铺信息、查看政策通知；执法人员点选"为民服务"，可报告巡查情况、查看市民反映的问题，将市民、商户、执法人员三位一体集成于同一场景，各方可以充分发表意见，反映问题，参与决策。三是建立"三问于民"机制，在口袋公园建设中，沈阳市城管执法局通过"一网统管"平台发布问卷、征集意见建议，展示建设成果。皇姑区居民侯先生2021年底留言，建议在塔湾街某居民小区和铁路线之间建设口袋公园，2022年7月底，一座绿植繁茂、道路平坦的口袋公园已经落成。侯先生不禁深深感慨"我的建议变成了现实"。[①] 平台推动"接诉即办、一办到底"，将群众诉求渠道与专业部门处置问题打通融合，利用"沈阳智慧城管"微信公众号把市民诉求问题的梳理，变为市民看得见的解决过程，累计响应市民急难愁盼问题32.78万件，[②] 群众获得感明显增强。

> ┤延伸阅读├
>
> ## 广东省推进数字政府建设
>
> 2022年6月，国务院发布《关于加强数字政府建设的指导意见》，各地数字政府建设驶入快车道。广东省人民政府发布《关于进一步深化数字政府改革建设的实施意见》，

---

① 刘成友、刘洪超、刘佳华：《沈阳推进城市管理"一网统管"》，《人民日报》2022年9月9日。

① 刘成友、刘洪超、刘佳华：《沈阳推进城市管理"一网统管"》，《人民日报》2022年9月9日。

② 于海：《沈阳"一网统管"入选全国数字城市创新案例》，《沈阳日报》2023年4月1日。

力求到2025年全面建成"智领粤政、善治为民"的"数字政府2.0"。"数字政府2.0"建设聚焦发挥数字政府大平台、大数据、大服务、大治理、大协同优势,推动省域治理"一网统管"、政务服务"一网通办"、政府运行"一网协同",实现政府决策科学化、社会治理精准化、公共服务高效化,打造全国数字政府建设标杆。

一是深化"三网"融合发展,提升政府数字化履职能力。将数字技术广泛应用于政府管理服务,统筹推进技术融合、业务融合、数据融合,优化业务流程,创新协同方式,推动"一网统管""一网通办""一网协同"相互促进、融合发展,不断提升政府数字化履职效能。

二是强化安全自主可控,筑牢数字政府网络安全防线。贯彻落实总体国家安全观,统筹数字政府发展和安全,全面构建制度、管理和技术衔接配套的全方位安全防护体系,加快推进信息技术应用创新,切实守住数字政府网络安全底线。

三是优化数字政府体制机制,健全制度规则体系。优化"政企合作、管运分离"的数字政府建设运营模式,加强系统工程设计和总规控制,强化政务信息化项目统筹管理,健全数字政府法规制度、标准规范和理论研究体系,强化区域协同和创新试点示范,释放改革发展新活力。

四是坚持集约高效建设,夯实数字政府基础支撑底座。统筹推进数字政府基础设施建设,加快构建全省"一片云"、优化升级全省"一张网",强化"云网端"一体化管理,提升公共支撑和共性应用能力,打造数字政府新型基础设施智能管理平台"粤基座",强化基础能力支撑。

五是深挖数据价值,强化数据资源要素赋能。完善数据管理机制和基础制度,加快构建数据资源"一网共享"体系,深入推进数据要素市场化配置改革,推动数字技术和实体经济深度融合,充分释放数据价值,赋能经济社会高质量发展。

六是加强数字政府引领,驱动经济社会数字化发展。加快推进政府数字化转型,整体驱动生产方式、生活方式和治理方式变革,以数字政府建设带动数字经济、数字文化、数字社会、数字生态文明协同发展,推动广东全面数字化发展。

第四节 赋能产业发展"高质量"

互联网、大数据、云计算、人工智能、区块链等数字技术与实体经济深度融合,通过降低生产交易成本、提高要素配置效率、拓展产品服务边界等方式为传统产业转型升级提供了新机遇,传统产业通过数字化改造不断焕发新活力、释放新潜能。

一、降低生产交易成本

一是生产成本。在生产的前端环节，通过大数据分析市场供需情况，合理安排生产环节，降低零部件、产成品库存积压成本；在生产过程中，通过数据监管有效避免过剩产能；在生产的末端环节，通过技术分析降低次品生产率，以实现生产成本降低和生产效率提升。

二是交易成本。产业体系涉及的信息大多都能以数据信息格式存储和传输，互联网、大数据、人工智能等数字技术的应用突破了时空约束，将世界经济活动连为一体，实现实时跨区域收集数据，减少市场信息不对称，降低交易成本，提升生产效率。

二、提高要素配置效率

一是得益于数字技术的快速发展，信息不对称现象得到缓解，不同行业或部门信息的流动性增加，依靠强大的平台资源可以从多种渠道获得劳动力、资本等所需的生产要素，降低要素获取成本，提高要素配置效率。

二是在数字经济背景下，可以通过平台经济整合要素资源。平台经济是数字经济的一种新形态，既可以缓解交易中的信息不对称现象，又可以通过大数据匹配将城市零散的、闲置的资源有效利用起来，提高资源配置效率。

三、拓展产品服务边界

一是数字技术改变了部分传统产业生产和消费需要"同时、同地、同步、不可储存和差异性"的属性。如教育、医疗等传统的服务业要求服务提供者与服务消费者出现在同一时间、同一地点，进行面对面的服务，而数字技术改变了服务提供方式，使得服务提供者和消费者不必同时、同地、面对面地进行。如在线教育、远程医疗等，即使不在同一地点，在电脑终端或手机终端也可以开展相关活动。

二是互联网销售平台形成以后，不断拓展新的产品和服务。平台经济可以汇聚个性化产品、小众产品的买家和卖家，有效地形成服务业的长尾效应，通过降低成本提高服务业生产率。

例如，安徽省黄山市就是积极应用数字技术，实施茶产业生产经营管理数字化转型，实现节本提质增效，是推动茶产业高质量发展的代表性案例。

黄山市是安徽省乃至全国最重要的茶叶种植、加工基地之一，是中国十大名茶太平猴魁的唯一产地和黄山毛峰的源产地，是"中国红茶之乡"。当地党委、政府高度重视"数字茶业"建设，推进茶园自动化控制、精准化管理，茶产品网络化营销、品牌化打造，数字技术在以下场景中得到应用：一是茶园物联网。在茶园内布设高清视频监控、小型气象站、土壤传感器等智能感知设备，监测茶园种植环境包括园区温湿度、气压、光照、风向风速、雨量、负氧离子、PM$_{2.5}$、土壤 pH 值等指标。将采集的数据实时上传到云服务器上，通过云平台可以查看实时环境信息，设置环境数据异常智能预警、查看数据趋势分析、追溯查看历史数据等，实现对茶园区域种植环境的立体描绘。管理者通过茶园物联网足不出户即可知道什么时候施肥、什么时候灌溉、什么时候采摘，从而极大地提高生产效率。二是茶产品质量安全追溯。茶叶经营主体采集茶园环境、生产过程、农事活动过程、加工仓储物流等各环节所产生的图文、文字、时间等不同类型数据信息，运用区块链等技术，直接生成二维码，通过一物一码，打通国家农产品质量安全追溯管理信息平台。用户可通过扫码了解产品的品种、生产过程、种植区域介绍及茶叶的质检信息，现场自行操作展现农业生产环节数据与视频，实现产品的体验式销售。截至 2022 年底，黄山市入驻国家农产品质量安全追溯管理信息平台的茶叶经营主体共计 258 家。三是水肥一体化智能灌溉。以茶园物联网为基础，在茶园铺设滴灌管道或喷灌设施，构建茶园水肥一体化灌溉智能控制管理系统，结合茶园气象和茶园土壤监测系统的实时监测数据，系统设置水肥需求阈值，再根据茶树的需肥规律、生长环境，实现茶园水肥远程精准控制，以最低的施肥成本获得更好的茶叶品质和更高的经济效益。四是茶园病虫害智能监测。一方面，借助茶园视频监控系统，利用实时监测设备、感官经验判断等实现对茶叶常见病虫害的识别；另一方面，在茶园安装智能虫情测报仪，智能监测、智能识别实现茶园病虫害实时监测。虫情测报仪主要由"色板＋性信息素"诱捕装置、智能识别系统、自动预报系统等组成，通过对害虫自动诱捕、图片拍摄、数据远程自动传输储存、自动识别计数、数据分析及信息发布，实现自动虫情预报等功能。五是茶产品电子商务。建立茶产品对各类消费群体的线上销售渠道。依托传统综合型电商平台、垂直电商平台和本土电商平台，太平猴魁、黄山毛峰、祁门红茶等品牌经营企业纷纷打造旗舰店，销售各类茶产品。也可利用自媒体，自建带货团队和网红带货。以各类企业自有线上销售平台、微信小程序、地方政府农产品采购平台为渠道，多入口线上销售。全市 80% 以上茶叶企业已开展国内外电商业务。六是茶旅融合发展。某公司积极推进茶产业与黄山旅游融合发展，将六百里太平猴魁茶叶基地物联网智能系统和溯源系统对接黄山智慧旅游平台，通过监控视频布点，实现电子围栏设置，在数字地图上展示标注各大基地的边界，为消费者提供有效、便捷、精准的移动场景服务体验，并实现了六百里猴魁各端口产品的展示、交易。开发小程序，收集、整合品牌消费者用户数据，通过一系列有效的运营手段，沉淀用户数据，使之成为品牌方数字化资产，灌输消费者品牌观念，构建以消费者为核心的营销体系，为品牌创造更多的价值。[①]

---

① 方文红、陈书梅、黄蕾：《数字技术在茶产业发展中的应用及思考——以黄山市数字茶业发展为例》，《安徽农学通报》2023 年第 10 期。

第三章

数字城市新基建

数字城市是依托一系列信息技术搭建起来的，而且这些技术的应用不是孤立的、片面的，是互相连接、相互融合的，其中主要包括5G、物联网、大数据、云计算、人工智能等。这些核心技术及其派生出来的数据中心、工业互联网等共同构成了数字城市的底层基础设施。这些基础设施像20年前支撑中国经济社会繁荣发展的铁路、公路、机场、水利等"铁公基"一样，具有带动国内生产总值（GDP）增长、增加就业的乘数效应，故被称为新型基础设施（以下简称新基建）。

第一节　新基建驱动数字未来

"新基建"一词于2015年7月第一次出现在国务院文件中，2018年12月第一次出现在中央经济工作会议上，2019年写入国务院《政府工作报告》，2020年1月国务院常务会议、2月中央深改委会议、3月中央政治局常委会会议持续密集部署。2020年4月1日，习近平总书记在浙江考察时强调，要抓住产业数字化、数字产业化赋予的机遇，加快5G网络、数据中心等新型基础设施建设，抓紧布局数字经济、生命健康、新材料等战略性新兴产业、未来产业，大力推进科技创新，着力壮大新增长点，形成发展新动能。见表3-1。

表 3 – 1　中央和国家有关新基建的相关政策

时间	出处	内容
2015 年 7 月 4 日	《国务院关于积极推进"互联网＋"行动的指导意见》	固定宽带网络、新一代移动通信网和下一代互联网加快发展，物联网、云计算等新型基础设施更加完备，人工智能等技术及其产业化能力显著增强
2017 年 1 月 15 日	中共中央办公厅、国务院办公厅《关于促进移动互联网健康有序发展的意见》	加快建设并优化布局内容分发网络、云计算及大数据平台等新型应用基础设施
2018 年 12 月 21 日	中央经济工作会议	要发挥投资关键作用，加大制造业技术改造和设备更新，加快 5G 商用步伐，加强人工智能、工业互联网、物联网等新型基础设施建设
2019 年 3 月 5 日	国务院《政府工作报告》	加大城际交通、物流、市政、灾害防治、民用和通用航空等基础设施投资力度，加强新一代信息基础设施建设
2020 年 1 月 13 日	国务院常务会议	大力发展先进制造业，出台信息网络等新型基础设施投资支持政策，推进智能、绿色制造
2020 年 2 月 14 日	中央全面深化改革委员会第十二次会议	基础设施是经济社会发展的重要支撑，要以整体优化、协同融合为导向，统筹存量和增量、传统和新型基础设施发展，打造集约高效、经济适用、智能绿色、安全可靠的现代化基础设施体系
2020 年 3 月 4 日	中央政治局常务委员会会议	要加大公共卫生服务、应急物资保障领域投入，加快 5G 网络、数据中心等新型基础设施建设进度

2020 年席卷全球的新冠疫情进一步凸显了新基建的重要性和紧迫性。新冠疫情催生的对无接触、智能化技术、产品和服务的新需求，使得大数据、云计算、区块链、人工智能、无人驾驶、工业互联网、专用机器人等数字技术和智能设备在助力疫情监测、医疗救治、物资调配、生活保障、复工复产等方面大显身手，带动电子商务、网络直播、智慧医疗、远程教育等行业迎来新一轮市场扩张和投资风口，进而倒逼传统产业的数字化转型驶入快车道。这不仅为中国乃至全球科技抗疫增添了一抹亮色，而且丰富了新技术的应用场景，促进了新产业新模式新业态的成熟，增强了中国经济发展的内生动力和活力。因此，以任泽平为代表的很多专家评价说，新基建不仅能够短期扩大有效需求，而且能够长期扩大有效供给，是应对疫情、对冲经济下行和推动改革创新的最有效办法，与美国等国家过度依赖"QE ＋零利率"的政策组合形成鲜明对比。新冠疫情的全球大流行和世界经济危机有可能成为宏观经济思想的第四次大论战、大分野，新基建经济学则有望成为拯救危机和大国竞争的关键胜负手。

2020 年 4 月 20 日，国家发展改革委首次对新基建进行阐释，提出新型基础设施是以新发展理念为引领，以技术创新为驱动，以信息网络为基础，面向高质量发展需要，提供数字转型、智能升级、融合创新等服务的基础设施体系。尽管新基建的概念得以明确，但社会各界对于新基建的涵盖内容远未达成共识，观点和看法大致可以分为窄口径、宽口径、中口径三个维度。

　　窄口径的观点认为新基建主要包括中央和国家相关会议、文件中提到的 5G 网络、数据中心、人工智能、工业互联网、物联网、云计算、大数据平台等内容，认为新基建是与数字技术、数字经济相关的基础设施。如国务院发展研究中心的田杰棠认为，数字经济相关基础设施是对新基建最准确的理解；腾讯研究院的闫德利认为，新型基础设施与信息基础设施基本同义。

　　宽口径的观点对新基建的理解更为宽泛。国家发展改革委有关负责同志在 2020 年 4 月 20 日召开的新闻发布会上回答记者提问时指出，新型基础设施包括信息基础设施、融合基础设施、创新基础设施三个方面（见表 3 - 2）。中国信息通信研究院院长刘多认为，新型基础设施是以新一代信息技术和数字化为核心形成的基础设施，主要包含信息网络融合创新演进形成的新型数字基础设施（5G、工业互联网、卫星互联网、物联网、数据中心、云计算等）与信息技术赋能传统基础设施转型升级形成的新型基础设施（智能交通基础设施、智慧能源基础设施等新型经济性基础设施，以及智能校园、智慧医院等新型社会性基础设施）。中国科学院科技战略咨询研究院的潘教峰、万劲波提出新基建包含智能化数字基础设施，数字化科技创新基础设施，现代资源能源与交通物流基础设施，先进材料与智能绿色制造基础设施，现代农业和生物产业基础设施，现代教育、文旅、体育与卫生健康等基础设施，生态环境新型环境基础设施，空天海洋新型基础设施，国家总体安全基础设施，国家治理现代化基础设施十大战略方向。经济学家任泽平等认为凡是符合未来新时代经济社会发展需要的基础设施都属于新基建，新基建不仅包括5G、数据中心、人工智能等科技领域的基础设施，还包括教育、医疗等民生领域的基础设施，以及营商环境、服务业开放、多层次资本市场等制度领域的基础设施。

表3-2　国家发展改革委对新型基础设施的分类

类型	子类型	主要内容
信息基础设施（基于新一代信息技术演化生成的基础设施）	通信网络基础设施	5G、物联网、工业互联网、卫星互联网
	新技术基础设施	人工智能、云计算、区块链
	算力基础设施	数据中心、智能计算中心
融合基础设施（深度应用互联网、大数据、人工智能等技术，支撑传统基础设施转型升级，进而形成的融合基础设施）		智能交通基础设施、智慧能源基础设施
创新基础设施（支撑科学研究、技术开发、产品研制的具有公益属性的基础设施）		重大科技基础设施、科教基础设施、产业技术创新基础设施

中口径的观点介于两者之间。2020年3月2日，中央电视台中文国际频道新基建专题提出，新基建指发力于科技端的基础设施建设，主要包含5G、特高压、城际高速铁路和城际轨道交通、新能源汽车充电桩、大数据中心、人工智能、

工业互联网七大新基建领域（见表3-3）。中国工程院院士张平在此基础上作了进一步分类，他认为新基建的核心层是数字基础设施（如5G基站、互联网数据中心），第二层是用智能化软硬件对现有技术进行智能化改造（如工业互联网），第三层是新能源、新材料，如特高压、城市轨道交通的建设。

表3-3　中央电视台中文国际频道对新基建的分类及应用

领域	应用
5G基建	工业互联网、车联网、物联网、企业上云、人工智能、远程医疗等
特高压	电力等能源行业
城际高速铁路和城市轨道交通	交通行业
新能源汽车充电桩	新能源汽车
大数据中心	金融、安防、能源等领域及个人生活方面（包括出行、购物、运动、理财等）
人工智能	智能家居、服务机器人、移动设备、自动驾驶
工业互联网	企业内部的智能化生产、企业之间的网络化协同、企业与用户之间的个性化定制、企业与产品的服务化延伸

在此，我们采用窄口径的维度，只对公认度特别高、与数字城市建设关系更为密切的几项新基建内容进行介绍。

第二节　从 5G 向 6G 跃升

从全球城市数字化发展的进程来看，要实现数字城市的诸多应用场景，通信网络扮演着十分重要的角色。5G 网络作为第五代移动通信网络，具有高速率、低时延、广连接、低功耗等特性，可以满足数字城市网络体系建设设备数量多、传输速度快、稳定性能高的要求，使海量数据在设备终端、云端实现实时高效连接互通，为城市感知网络建设提供基础，因此也有人将 5G 称为数字城市的"数据高速公路"。

一、5G

5G 的 G 指 generation，译为"代"。5G 指的就是第五代移动通信系统或第五代移动通信技术。相较于其前身 4G 来说，5G 的核心优势具体表现在四个方面。

一是高速率。5G 基站峰值速率和用户体验速率可达到 20Gbps（千兆比特每秒）、100Mbps（兆比特每秒），分别为 4G 的 20 倍和 10 倍。举个例子，在 4G 网络环境下，用户下载一部超高清电影可能需要几分钟，但在 5G 网络环境下，这个过程只需要几秒钟就能完成。

二是低时延。时延是指两个设备互相通信所用的时间。从 1G 到 5G，每一次移动通信技术的升级都在努力降低时延。研究表明，2G 网络的时延为 140ms（毫秒），3G 网络的时延为 100ms，4G 网络的时延为 10ms，5G 网络的时延只有 1ms。举个例子，用户想要观看一个视频，要先点击这个视频向网络发送请求，获得允许才能观看。在 4G 网络环境下，从发送请求到获得允许，用户要等待 10ms，但在 5G 网络环境下，用户只需等待 1ms。

三是广连接。在 5G 网络环境下，每平方千米连接的设备数量大幅增加，可超过 100 万台，为 4G 的 10 倍。这意味着 5G 网络能够支持更多设备随时随地接入互联网，即便这些设备地处偏远。同时，由于 5G 基站是一种微基站，体量小、分布广，可随时发出高密度的信号，也解决了 4G 网络环境下，人们在进入电梯、地下车库等相对封闭的场所时网络可能会突然中断的情况，实现了设备的永不掉线。

四是低功耗。4G 网络的一个突出问题是功耗高。在 4G 网络环境下，大多数智能设备每天都需要充电，甚至一天需要充几次电。5G 网络极大降低了网络设备的能源补充频率，有效延长了终端设备的电池使用时间。在 5G 网络环境下，大部分产品的充电周期可延长至一周，甚至是一个月。见表 3-4。

表 3-4　5G 与 4G 关键性能指标对比

性能指标	5G	4G
基站峰值速率（Gbps）	20	1
用户体验速率（Mbps）	100	10
频谱效率（x）	3	1

性能指标	5G	4G
流量密度（M）	10	0.1
移动性能（km/h）	500	350
网络能效（x）	100	1
连接密度（万/平方千米）	100	10
时延（ms）	1	10

二、5G 的应用场景

国际电信联盟（ITU）描述了 5G 的三大应用场景。一是增强型移动宽带（eMBB，极高速率），要求大带宽，追求的是人与人之间极致的通信体验，对应 3D/超高清视频等大流量移动宽带业务。二是高可靠、低时延、高品质网络（uRLLC，极低时延），是物联网应用场景，提供超千亿网络连接的支持能力，主要面向智能驾驶、工业控制等垂直行业的特殊应用要求。三是海量机器类通信（mMTC，极大容量），满足广覆盖、低功耗需要，满足物与物之间的通信需求，且智能终端在很长时间内不用更换电池，适用于环境监测、森林防火等以传感和数据采集为目标的应用场景。根据中国信息通信研究院的数据，eMBB、uRLLC 和 mMTC 三大应用场景将分别带来 4.4 万亿美元、4.3 万亿美元和 3.6 万亿美元的产值空间。[①]

---

① 中国社会科学院工业经济研究所未来产业研究组：《中国新基建：未来布局与行动路线》，中信出版集团 2021 年版，第 36 页。

下面通过教育和医疗两个应用场景感受一下5G时代对我们生活方式的改变。有人说，2G开启了文本时代，3G开启了图片时代，4G开启了视频时代，5G开启的是一个万物互联的时代。5G的问世不只使移动通信技术实现了重大变革，而且拓展了产业跨界融合的范围，将人与人之间的通信拓展为人与物、物与物之间的通信。在5G技术的支持下，增强现实（AR）／虚拟现实（VR）、可穿戴设备等在教育、医疗领域得到更好的应用。教师利用AR／VR技术可以模拟各种场景，学生坐在教室中就能进行学习或训练，产生真切的感受，不仅可以激发学生的学习兴趣，提高教学效果，还能开展一些过去无法开展的场景教学，如地震、泥石流等灾害场景的模拟逃生练习，深海、太空的科普教学等，产生超乎想象的成本效益，降低学习风险。通过可穿戴设备、智能健康监测设备等，医疗监测机构可以实时收集人们的健康数据并进行分析，提供个性化的健康建议和预防措施。5G搭建的高速率、大带宽、低时延的传输通道还使得医生和患者的互动变得更加实时，产生"身临其境"的沉浸式体验。医生可以通过3D／UHD（超高清）视频远程呈现或UHD视频流对病人进行远程诊疗，随时随地掌握手术情况和病情进展，有效解决优质医疗资源供需矛盾，使得远程手术、在线诊疗等应用场景真正落地。

5G的大规模商用也为实体经济赋能，推动交通、能源等传统产业的数字化、智能化转型。中国信息通信研究院预计，到 2030 年，中国 5G 直接贡献的总产出、经济增加值分别为 6.3 万亿元、2.9 万亿元；间接贡献的总产出、经济增加值达到 10.6 万亿元、3.6 万亿元。[①]

与此同时，随着 5G 进入规模化商用阶段，按照移动通信网络每十年更新一代的速度，全球 6G 竞速全面拉开帷幕，未来 5 年将成为 6G 移动通信网络技术研发和标准完善的关键时期。与 5G 相比，6G 将提供更快的速度、更大的网络容量、更低的时延、更高的智能性和更强的安全性，成为更好连接物理世界和虚拟世界、承载新用户、赋能新应用的新型数字基础设施，对于数字城市建设意义重大。中国移动通信行业在经历了 1G 空白、2G 落后、3G 追随、4G 同步、5G 引领的艰辛历程后，要继续推动信息通信企业与垂直行业企业密切沟通、协同合作，共同参与 6G 需求研究、技术研发、标准制定等全流程工作，超前布局，携手构建 6G 繁荣的应用生态。

第三节　物联网实现万物互联

物联网依靠完善的通信网络基础设施实现"万物互联"，传感器布置与连接之后对各类信息的收集和交互又成为大数据的重要来源，因此，可以说物联网在"云大物移智"（云

---

① 任泽平、马家进、连一席：《新基建：全球大变局下的中国经济新引擎》，中信出版集团 2022 年版，第 78 页。

计算、大数据、物联网、移动互联网、人工智能的简称）等主要数字技术中发挥着承上启下的重要作用。在数字城市建设过程中，物联网利用全覆盖铺设，通过提高高频度、高精度和多维度的数据采集能力和传输能力，可以构建人、机、物"万物互联"网络，提升全时、全域、全场景城市深度泛在感知能力。同时，基于物联网技术还可以将物理空间的实体存在映射到数字空间，对物理城市的各种场景进行数字仿真，形成一个个数据中心或者数据库，并实施数据统计和分析，创建更全面的物联智能体系，从而实现数字孪生。

一、物联网

物联网是实现物物相连的智能网络，是互联网发展的必然结果，一旦通过互联网相互连接的设备、物体和传感器等形成网络并开始交换数据时，就形成了物联网。

物联网可以应用到能源、交通、农业、水电气等各行各业，每一个应用场景都能产生巨大的经济价值。平时我们感受最深的就是家居物联网，家居物联网在统一各类智能终端之间互联互通协议的基础上，将安防设备（如摄像头）、照明设备（如吸顶灯）、控制设备（如开关）、清洁设备（如扫地机器人）、传感设备（如烟雾传感器）、影音设备（如电视）、环境设备（如空气净化器）、厨房设备（如冰箱）、卫浴设备（如热水器）、健康设备（如智能手环）、起居设备（如电动窗帘）等链接在同一平台上，并使各类智能终端之间可以相互对话。通过智慧家居平台，就可以根据人们的生活习惯实现安防、健康、娱乐、清洁等设备的场景化互动，给消费者带来更丰富多元的体验。

家庭范围内的智能终端互联互通可以形成家居物联网，当城市中的各种智能设施被连接起来之后，实现数据及时更新、信息充分共享，就形成了更大范围的物联网络。对于物联网的未来，最大胆的预测来自《失控：全人类的最终命运和结局》一书的作者凯文·凯利。他认为，未来物联网网络节点的数量将超越人类大脑的神经元，世界将诞生一个统一的复杂系统，也就是"One Machine"（一体机），它永不崩溃，成为智慧本身，释放出无穷价值。

二、工业互联网

工业互联网是以物联网为主要代表的新一代信息技术与工业经济深度融合的一种全新工业形态、应用模式和基础设施。它最早是 2012 年 11 月在美国通用电气公司（GE）发布的《工业互联网：突破智慧与机器的界限》白皮书中提出，工业互联网是数据、硬件、软件与智能的流动和交互，旨在通过智能机器间的连接最终将人机连接，结合软件和大数据分析，建立具备自我改善功能的智能工业网络。在通用电气公司不遗余力地推动和倡导下，2014 年 3 月底，美国电话电报公司（AT&T）、思科公司（Cisco）、通用电气公司、英特尔公司（Intel）和美国国际商用机器公司（IBM）成立"工业互联网联盟"，以期打破行业、区域等技术壁垒，促进物理世界和数字世界的融合。

工业互联网整合了工业革命与网络革命两大优势，将工业革命成果及其带来的机器、机组和物理网络与互联网革命及其成果——智能设备、智能网络和智能决策融合到一起。工业互联网主要包含三种关键元素：智能机器、高级分析、工作人员。智能机器是现实世界中的机器、设备、团队和网络通过先进的传感器、控制器和软件应用程序，以崭新的方式连接起来形成的集成系统。高级分析是使用基于物理的分析法、预测算法，关键学科的深厚专业知识来理解机器和大型系统运作方式的一种方法。建立各种工作场所的人员之间的实时连接，能够为更加智能的设计、操作、维护及高质量的服务提供支持与安全保障。[①] 通过生产要素在整个生产过程中的全面互联互通，可以助推技术、资金、人才、物资的高效流动，提升工业系统各层面的运转表现，更好应对智能化生产、网络化协同、服务化延伸、个性化定制等转型发展需求。同时，制造业立足于工业互联网平台进行研发设计、生产规划、需求对接、资源配置、产业整合等一系列工作，还可以大大降低产业链交易成本。

只有做好工业互联网建设，制造业上下游的数据才能相互融合，不同行业之间才能开展及时、准确的沟通，与之相

---

① 延建林、孔德婧：《解析"工业互联网"与"工业 4.0"及其对中国制造业发展的启示》，《中国工程科学》2015 年第 7 期。

对的大数据中心、人工智能才能发挥出应有的作用。但是，与消费互联网不同，工业互联网建设最大的难点在于缺乏统一的通信协议，工业设备的数据接口、访问接口千差万别，导致工业网络出现割裂，企业之间信息传递困难，无法实现互联互通。为此，工信部先后发布《工业互联网平台建设及推广指南》《工业互联网网络建设及推广指南》等一系列指引性文件，从制定统一的平台标准和技术体系出发，逐步打通工厂节点并实现规模化推广，打造真正可以服务整个行业的新型工业互联网基础设施。近年来，传统企业"上云、用数、赋智"已逐渐成为一种趋势，截至2023年9月，工业互联网已全面融入45个国民经济大类，"5G＋工业互联网"在采矿、港口、电力、石化、纺织等重点行业打造了20余个典型应用场景，全国跨行业跨领域工业互联网平台达50家，平均连接工业设备超218万台、服务企业数量超23.4万家，助力千行百业加快数字化、智能化转型。见表3－5。

表3－5　工业互联网相关产业链

产业链		细分产业链
上游	智能硬件	边缘层（即工业大数据采集过程）、IaaS 层（主要解决的是数据存储和云计算，涉及的设备如服务器、存储器等）、PaaS 层（提供各种开发和分发应用的解决方案，如虚拟服务器和操作系统）、SaaS 层（主要是各种场景应用型方案，如工业 App 等）
中游	工业互联网平台	

产业链		细分产业链
下游	应用场景的工业企业	高耗能设备（如炼铁高炉、工业锅炉等设备）、通用动力设备（如柴油发动机、大中型电机、大型空压机等设备）、新能源设备（如风电、光伏等设备）、高价值设备（如工程机械、数控机床、燃气轮机等设备）、仪器仪表等专用设备（如智能水表能燃气表等）

第四节　大数据构筑城市底座

大数据既是新的生产要素，又是新的生产工具，它强调对海量数据的获取、存储与分析，是当今数字科技中发展最为成熟的技术领域，在解决城市交通拥堵、人流量控制及为违法犯罪活动提供数据支撑等方面已经得到广泛应用。与大数据技术相配套的数据中心建设如今也成为数字城市建设的重中之重。在城市数字化发展不断加速的今天，城市数据量保持指数级增长，相当一部分数据仍处于割裂状态。建设大数据中心，可以妥善应对部门信息、行业信息无法整合、组织和使用等问题，解决城市海量数据资源的存储问题，通过数据信息统计与分析，使大数据成为城市数字化建设的基础和底座，为数字城市功能创新提供更多的可能性。

一、大数据

随着经济发展，生产要素的形态不断发生变化。在农业社会，土地、劳动力是最基本的生产要素；进入工业社会，资本成为最重要的生产要素，并催生出技术、管理等其他生产要素；随着信息化、智能化的发展，以大数据为代表的信息资源向生产要素的形态演进。2019年，党的十九届四中全会首次明确提出将数据作为生产要素参与分配。

随着移动互联网、物联网的迅猛发展，多样化的智能终端不断普及，各种互联网应用持续增加，大数据出现了爆发式增长。根据中国信息协会大数据分会的数据，2021年，中国大数据产业规模达1.3万亿元，同比增长31.0%；2022年，产业规模进一步扩大到1.6万亿元左右，同比增长20.8%。初步估算，2023年我国大数据产业规模在1.90万亿元左右。IDC（国际数据公司）发布的 *Global DataSphere2023* 预测，中国数据量规模将从2022的23.88ZB（泽字节，等于 $1.1805916207174 \times 10^{21}$ 字节）增长至2027年的76.6ZB，复合年均增长率（CAGR）达到26.3%，为全球第一。见图3-1。

大数据是数据的集合，是围绕数据存储与计算、数据管理、数据流通、数据应用、数据安全等形成的一整套技术体系和产业生态。目前，应用大数据充分挖掘数据价值、释放数据潜能的理念已经得到社会各界的广泛认同。以零售业为例，传统的线下门店缺乏消费者数据和数据分析能力，店员

图 3 – 1　全球数据圈：2022—2027（ZB）

资料来源：IDC *Global DataSphere2023*。

只能凭借经验去识别客户、推测客户的喜好。这种模式过于依赖店员的个人素质，个性化推荐准确度较低。电商平台拥有更多的消费者数据，商家可以根据消费者以往的购买记录、浏览记录等推测消费者的性别、年龄、职业、经济情况、购物偏好等，在此基础上进行的个性化推荐准确度就会高很多。同时，传统线下零售供应链比较呆板，生产端对消费端反应迟钝，经销商也全靠经验备货，无法对消费者的反馈作出快速反应。应用大数据后的电商平台在用户尚未下单之前就可以预测用户的产品偏好、购买概率，提前准备好生产原料和生产线，极大节约交付时间，提升消费体验。

二、数据中心

大数据的发展离不开数据中心的同步配套。数据中心（data center，DC）是指可实现数字信息的集中存储管理、传输交换及计算处理的物理空间，是海量数据的承载实体，可理解为数据集中存储和运作的"图书馆"，包括计算机系统及配套设施（如通信系统、存储系统）、数据通信连接、环境控制设备、监控设备、安全装置等。数据中心不仅是一种网络概念，还是一种服务概念。数据中心为用户提供综合全面的解决方案，个体与组织可以借助其强大的数据管理服务能力，快速高效地开展各类业务。

根据服务对象的差异，数据中心分为企业数据中心与互联网数据中心。其中，企业数据中心是指企业或机构自建数据中心，主要服务于企业或机构自身的业务，企业、客户与合作伙伴都可以获取其提供的数据信息服务；互联网数据中心是一种拥有完善的设备、专业化的管理，以及完善的应用服务平台，它由服务商建立并运营，客户可借助互联网获取其提供的数据信息服务。与企业数据中心相比，互联网数据中心的规模更大，设备、技术、管理等更为先进，服务对象更为广泛。但建设成本与难度也更高，服务商需要有大规模的场地与机房设施，高速可靠的内外部网络环境，以及系统化的监控支持手段等。见表3-6。

表3-6 数据中心产业链

产业链		细分产业链
上游	基础设施	IT设备商、电力设备商、软件商、网络许可商、土地、机架供应商、制冷设备商
中游	IDC（互联网数据中心）专业服务	IDC集成服务、IDC运维服务
	云服务商	三大运营商、云计算厂商、第三方IDC厂商

产业链		细分产业链
下游	应用厂商	互联网企业、金融企业、制造行业、软件行业、政府机构

数字时代，数据中心建设尤为重要。未来，新兴产业发展、人民生活品质提升都需要依托各种数据资源，而数据资源的收集、存储、处理、应用等离不开数据中心的支持。因此，近年来，政策持续加码推动数据中心建设，出台了《关于数据中心建设布局的指导意见》《关于加强绿色数据中心建设的指导意见》《全国一体化大数据中心协同创新体系算力枢纽实施方案》《新型数据中心发展三年行动计划（2021—2023 年)》等一系列引导、扶持数据中心发展的重大举措，见表 3 -7。目前，我国数据中心产业已经很明显地呈现出规模化、集中化、绿色化、布局合理化的趋势，并朝向"四高三协同"（四高是指高技术、高算力、高能效、高安全，三协同是指数云协同、云边协同、数网协同）的新型数据中心方向不断迈进。

表 3 -7　我国数据中心引导扶持政策

发布时间	发布部门	文件名称	内容
2012.6	工信部	《关于鼓励和引导民间资本进一步进入电信业的实施意见》	支持民间资本在互联网领域投资，引导民间资本参与 IDC 和 ISP 业务经营

发布时间	发布部门	文件名称	内容
2012.11	工信部	《关于进一步规范因特网数据中心（IDC）业务和因特网接入服务（ISP）业务市场准入工作的实施方案》	降低了 IDC 市场准入门槛，进一步完善了 IDC 业务准入要求
2013.1	工信部、发改委、国土资源部、电监会、国家能源局	《关于数据中心建设布局的指导意见》	引导市场主体合理选址、长远规划、按需设计、按标建设，逐渐形成技术先进、结构合理、协调发展的数据中心新格局
2015.3	工信部、国家机关事务管理局、国家能源局	《关于国家绿色数据中心试点工作方案》	到 2017 年，围绕重点领域创建百个绿色数据中心试点，试点数据中心能效平均提高 8% 以上，制定绿色数据中心相关国家标准 4 项，推广绿色数据中心先进适用技术、产品和运维管理最佳实践 40 项，制定绿色数据中心建设指南
2017.8	工信部	《关于组织申报 2017 年度国家新型工业化产业示范基地的通知》	年度优先支持工业互联网、数据中心、大数据、云计算、产业转移合作等新增领域集聚区积极创建国家示范基地

发布时间	发布部门	文件名称	内容
2019.2	工信部、国家机关事务管理局、国家能源局	《关于加强绿色数据中心建设的指导意见》	支持各领域绿色数据中心创建工作。优先给予绿色数据中心直供电、大工业用电、多路市电引入等用电优惠和政策支持。加大政府采购政策支持力度，引导国家机关、企事业单位优先采购绿色数据中心所提供的机房租赁、云服务、大数据等方面服务
2020.12	发改委、中央网信办、工信部、国家能源局	《关于加快构建全国一体化大数据中心协同创新体系的指导意见》	形成布局合理、绿色集约的基础设施一体化格局
2021.5	发改委	《全国一体化大数据中心协同创新体系算力枢纽实施方案》	在京津冀、长三角、粤港澳大湾区、成渝，以及贵州、内蒙古、甘肃、宁夏等地布局建设全国一体化算力网络国家枢纽节点，发展数据中心集群
2021.7	工信部	《新型数据中心发展三年行动计划（2021—2023年）》	到2023年底，全国数据中心机架规模年均增速保持在20%左右，平均利用率力争提升到60%以上，总算力超过200 EFLOPS，高性能算力占比达到10%

第五节　云计算提升云端算力

数字城市建设过程中，收集数据并不是目的，数据映射到数字空间的流通和应用才是重点。建设数字城市就是要通过数字世界的比特引导物理世界的原子，其底座是"数据 + 算力 + 算法"，其中，算力就是运用云计算、边缘计算等方式计算、存储数据资源。

一、云计算

云计算是一种通过网络统一组织和灵活调用各种 ICT 信息资源，实现大规模计算的信息处理方式。"云"是对云计算服务模式和技术实现的形象比喻。云计算具备四个方面的核心特征：一是宽带网络连接，"云"不在用户本地，用户要通过宽带网络接入"云"中并使用服务，"云"内节点之间也通过内部的高速网络相连；二是对 ICT 信息资源的共享，"云"内的 ICT 信息资源并不为某一用户所专有；三是快速、按需、弹性的服务，用户可以按照实际需求迅速获取或释放资源，并可以根据需求对资源进行动态扩展；四是服务可测量，服务提供者按照用户对资源的使用量进行计费。

云计算的物理实体是数据中心，由于"云"在网上不在地上，因此新建数据中心，尤其是一些对时延不太敏感但具有海量数据处理能力的大型和超大型数据中心，逐渐向地理位置比较偏远的西部能源富集地区布局。例如，百度在山西省阳泉市建有中国第一个用太阳能作为能源的云端数据中心——百度计算（阳泉）中心，这是百度目前规模最大的数据中心；华为看中贵州气候凉爽、风冷散热能力强、地质结构稳定等得天独厚的优势，在贵州建设了七星湖数据存储中心。

延伸阅读

互联网巨头的智能云计算中心

2020年4月，阿里云宣布未来3年投入2000亿元，其中一项重要内容就是建设面向未来的数据中心。5月，阿里巴巴与江苏南通开发区正式签约，用于建设阿里巴巴江苏云计算数据中心扩容项目。

2020年5月，腾讯宣布未来5年投资5000亿元布局新基建，其中包括在全国新建多个百万级服务器规模的大型数据中心。6月6日，腾讯长三角人工智能超算中心在上海松江开工，该项目拟投资450亿元，占地236亩，包含8栋高标准数据中心。其中单栋数据中心可提供10万个GPU（或同等人工智能处理芯片）的算力，在实际运行中，算力可达到140千万亿次/秒浮点运算，可同时支撑超过100个大型人工智能计算项目，整个中心计划建成48万台服务器、2.5万个以上等效机柜（腾讯R18微模块模式）。如今计算性能排名世界第一的日本"富岳"超级计算机，最大算力为415.5千万亿次/秒，腾讯超算中心单栋的算力已与其基本相当，若进行叠加，腾讯超算中心 8 栋数据中心总算力可达 11200 千万亿次/秒，是"富岳"的 27 倍。

2020 年 6 月，百度云计算（阳泉）中心项目二期顺利封顶。项目二期总投资约 14 亿元，总建筑面积 8.6 万平方米，包括 4 个数据中心模组和 1 栋扩展厂房，全面投产后预计将新增超过 8 万台高性能人工智能服务器，将为百度搜索＋信息流、智能云、小度、百度地图、人工智能、智能驾驶等重要业务提供有力支持。在这之前，百度云计算（阳泉）中心项目一期已投入使用，可承载 16 万台服务器，拥有超过 300 万颗 CPU 核、6EB 级的存储容量，存储信息量相当于 30 多万个中国国家图书馆的藏书总量。

2020 年 6 月，"新生代"互联网企业快手的智能云乌兰察布数据中心项目签约仪式在快手总部举行。该项目是快手的第一个自建超大规模互联网数据中心，也是国内最大的专门为大数据、人工智能建设的数据中心。该数据中心的体量目前在业内仅次于腾讯、阿里巴巴，将由快手技术团队自主研发，独立完成整体的概念设计。项目将应用一系列领先技术，投入共计占地约 500 亩、容纳 30 万台服务器，第一批 IT 设备预计 2021 年年底上线。

华为也计划投入约 10 亿美元年度研发经费开发云数据中心产品。目前，华为贵安云数据中心项目建设正在稳步推进，一期建筑面积 48 万平方米，能容纳 60 万台存储服务器，可为全球 170 个国家提供服务。

二、边缘计算

随着5G、工业互联网、人工智能的发展，一些业务场景需要超低的网络时延和海量、异构、多样性的数据接入。这时，传统意义上的云计算可能会面临带宽、时延、连接质量、资源分配、安全等多方面的挑战。为了破解这些难题，在端侧更加有效率、有针对性地采集、传输和处理数据，边缘计算的概念应运而生。与云计算相比，边缘计算具有低时延、高效率、安全性、智能化的优势。

随着终端设备数量、数据量大幅增加，预计未来会有更多的数据需要边缘计算来处理。根据风险投资数据公司 CB Insights 的数据，截至2019年，美国上市企业财报会议中边缘计算被提及的次数，首次超过了云计算，这从一定程度上反映出边缘计算的概念和技术越来越受到重视。

云计算与边缘计算的关系，很像银行与自动柜员机：本来所有金融业务都要去银行人工柜台办理，但因为在路上交通堵塞、在营业厅大排长龙，非常浪费时间和精力，现在家门口有了自动柜员机，像存款取款、转账汇款之类的业务就再也不用长途奔波、等着排队叫号了。因此说，云计算和边缘计算，不存在一方完全取代另一方的情况，它们只是在各自擅长的领域内各司其职。如何提高资源利用效率、实现云计算与边缘计算之间的算力协同将成为未来技术研究的一项重要课题。

云边协同： 章鱼的大脑和吸盘

作为自然界中智商最高的无脊椎动物，章鱼拥有"概念思维"能力，这与它的两个强大的记忆系统分不开。一个是大脑记忆系统（它的大脑约有5亿个神经元），另一个是八条腕足上的吸盘。也就是说章鱼的八条腕足可以思考并解决问题。

人类要想完成比较复杂的动作，需要靠大脑控制具体的操作与步骤。反观章鱼，它的八条腕足都有独立的神经单元，大脑只要对腕足下达一个抽象的命令，章鱼的八条腕足就能自己"思考"用哪些步骤才能完成任务。在这之后，腕足就可以实行多线程同时作业，独自感知环境，快速作出反应，根本不需要大脑给予具体的指令。

云计算就像天上的云，看得见，摸不着，像章鱼的大脑；边缘计算则类似章鱼的那些腕足，更靠近设备端，靠近具体的实物或用户。云计算是把握整体，边缘计算就更专注于局部。虽然今后会将越来越多的基础任务交给边缘计算来完成，但这只能代表边缘所在的终端设备会越来越灵敏，而不能直接说这些任务和云毫无关系。难道砍掉章鱼的大脑，直接用八条腕足能活着吗？

资料来源：根据全球物联网观察《太形象了！什么是边缘计算？最有趣的解释没有之一》相关资料整理。

第六节　人工智能使城市更智慧

人工智能的最大优势在于它深度学习的能力，能不断迭代更新，有效应对伴随城市海量数据增加产生的新情况新问题，并不断拓展数据创新应用场景，为数字城市提供新动能。目前，人工智能产品和服务已经普遍存在于我们的生活中，正如人工智能和机器学习领域国际权威学者吴恩达所说："人工智能是新电能，正改变医疗、交通、娱乐、制造业等主要行业，丰富充实着无数人的生活。"在人工智能和海量数据的共同作用下，越来越多跨领域、跨行业的创新应用出现在公众的视野，使城市管理、社会治理、民生服务呈现智慧化发展格局，大大增强了群众的获得感、幸福感和安全感。

一、人工智能

人工智能（artificial intelligence，AI），是一门新兴的技术科学，主要内容是研究、开发用于模拟、延伸、拓展人的智能的理论、方法、技术与应用。从宏观角度看，人工智能隶属于计算机科学，它试图探究智能的本质，研发具备近似甚至超越人类智能的智能机器。

对于人工智能来说，数据、算力和算法是最核心的三个要素。人工智能的完善需要使用大量应用场景数据对算法模型进行训练，通过不断地自我学习，机器才可能在算法的指导下拥有类人的感知、思考和决策能力。2000 年之后，随着数据量的上涨、运算力的提升和深度学习算法的出现，人工智能行业得以迅速发展。2017 年，智能助理、新闻推荐、自动驾驶、机器人等应用相继进入人们的日常工作和生活，因此，2017 年又被称为人工智能产业化元年。

人工智能大致可以分为基础层、技术层和应用层。基础层提供了人工智能的硬件和理论支撑，包括芯片、传感器、算法、海量数据等。技术层是基于基础层的硬件和理论架构，以模拟人类智能特征为出发点，设计出对应于实践应用的通用方法，包括计算机视觉、智能语音、自然语言处理等技术。应用层则是人工智能产品、服务和解决方案，将技术应用到具体行业，解决现实生活中面临的各类问题，如利用计算机视觉技术实现安防行业的人脸识别，利用自然语言处理技术实现智能客服等。见表 3 - 8。

表 3 - 8　人工智能的主要构成

分类	主要内容
基础层	◆人工智能芯片：CPU、GPU（图形处理器）、ASIC（专用集成电路）、FPGA（现场可编程逻辑门阵列）等 ◆传感器 ◆算法：深度学习、浅层学习、强化学习等 ◆数据

分类	主要内容
技术层	◆ 计算机视觉：动态静态图像识别与处理等关键技术研究与应用 ◆ 语音与语言处理：数据化的语言收集、识别、理解与处理等技术研究
应用层	◆ 各行业各领域的场景应用：智慧金融、智慧交通、智慧安防、智慧零售、智慧家居、智慧医疗、智慧教育等

二、人工智能应用场景

人工智能基础设施具有普适性的特点，已经在众多垂直领域实现应用。由于模拟复杂度、技术成熟度和数据公开水平不同，人工智能基础设施在各类场景中的应用成熟度也存在差异。技术智能化程度越高，试错成本越低，则该领域的人工智能基础设施的普及速度越快，短期内可创造的市场价值也越大。见表 3–9。

表 3–9　人工智能基础设施应用情况

主要应用领域	技术智能化程度	技术试错成本	基础设施主要功能	国内外代表企业	市场成熟度
安防	较高	较低	在国内主要服务于人脸布控和公安监控领域，在国外主要服务于灾害预警监测领域	海康威视、旷视科技、博世、爱立信	由高到低

主要应用领域	技术智能化程度	技术试错成本	基础设施主要功能	国内外代表企业	市场成熟度
金融	较高	中等	基础设施普及较快，主要服务于智能投资顾问、智能信贷风险评估、智能反欺诈、身份识别等领域	平安科技、蚂蚁金服、摩根大通、高盛	由高到低
零售	较高	中等	互联网巨头纷纷布局，基础设施逐步普及，主要服务于智能商品识别、智能图像搜物、智能结算、智能物损监测等领域	盒马鲜生、华为、沃尔玛、亚马逊	
教育	较低	较低	欧美市场渗透程度较深，中国尚处于起步初期。基础设施主要服务于智能教学辅导、智能作业批改、智能课程评估等领域	好未来、猿辅导、Volley labs、Newsela	
交通	中等	中等	基础设施由领军型科技和人工智能企业提供，试错成本和行业壁垒较高，主要服务于智能调度、智能停车、信号灯管控、智能车流引导等领域	阿里云、滴滴出行、思科、高通	
物流	中等	中等	欧美发达国家基础设施较为领先，中国尚处于相对落后状态。基础设施主要服务于智能仓储管理、智能分拣、智能搬运等领域	京东、顺丰速运、Daifuku（大福）、胜斐迩	

主要应用领域	技术智能化程度	技术试错成本	基础设施主要功能	国内外代表企业	市场成熟度
无人驾驶	中等	较高	基础设施已初步成型，国内外均已开展无人驾驶汽车相关运营	百度、滴滴出行、谷歌的Wamyo、Uber（优步）	由高到低
医疗养老	中等	较高	基础设施尚处于发展初期，市场化程度较低，主要服务于智能医疗影像、智能制药研发、智能疾病预警、智能健康管理等领域	复星医药、平安科技、辉瑞、IBM	
制造业	较低	较高	全球智能制造发展缓慢，市场格局尚未形成。基础设施主要服务于工业互联网、智能品控、智能加工等领域	阿里云、华为云、GE、西门子	
农业	较低	较高	欧美正在加速推广，中国尚未形成成熟方案，主要服务于智慧养殖、卫星种植指导等领域	京东、中化集团、富士通、Descartes Labs（卫星数据分析技术服务商）	

资料来源：参见中国社会科学院工业经济研究所未来产业研究组《中国新基建：未来布局与行动路线》。

金融行业是目前人工智能应用相对成熟和深入的领域之

一。目前，借助机器学习、深度学习、模式识别、知识图谱、自然语言处理等技术，人工智能已在风险管理、授信融资、投资决策等领域有了革命性突破，大幅改变了金融业现有格局，推动金融服务更加个性化与智能化。

人工智能技术在前端可以服务用户，典型应用是智能机器人。由于智能机器人具备工作时段弹性大、情绪稳定、效率和准确度高等特点，已经被运用于迎宾、业务分流、排队叫号、产品营销、辅助应答、娱乐展示等多个场景。交通银行、邮储银行、建设银行、招商银行、中信银行、光大银行六家商业银行2018—2022年的年报数据显示，随着金融科技投入的增加，员工费用和管理费用的增速均呈现明显放缓趋势，这将有利于商业银行的降本增效。

人工智能技术在中台可以支持决策，典型应用是智能投资顾问服务。智能投资顾问服务是指用人工智能技术替代人类投资顾问，根据每一位投资者的财务状况、风险偏好、收益目标等个人信息，智能化、个性化地为投资者推荐投资策略和资产配置方案。对比人工服务，这一模式可以向大量用户快速推荐量身定做的专业理财方案，且费用低廉，大大降低了投顾服务门槛。目前，工商银行、招商银行等国内主流金融机构均已推出相关产品和服务。

人工智能技术在后台可以用于风险防控和监督，典型应用是人工智能征信。采用人工智能技术的征信平台不仅可以高效完成过去消耗大量人力物力的工作，还可以让个人小额信贷和小微企业获得更多机会，促进普惠金融发展。同时，相比传统银行申请、预审、材料递交、录入、运营、终审这一长达数周的漫长流程，人工智能征信平台通过内嵌反欺诈模型、盈利模型、用户行为模型等，运用大数据风控技术，对用户进行分析和评分，5 分钟内即可完成审批，贷款审核速度更快，违约风险也更低。

第四章

数字城市新体系

数字城市体系是一种运用数字技术与数据科学来增强和改善城市的系统。数字城市操作系统是数字城市体系中不可或缺的重要内容，也是形成城市级物联网、人工智能和 5G 应用的重要基础。随着数字城市进入以 AI 为核心驱动力的智能化建设阶段，以"城市大脑"和"数字孪生城市"为典型代表的数字城市操作系统开发和建设，使数字城市逐渐从抽象走向具体、从理论走向实践，引发社会各界广泛关注。

第一节　数字城市体系的核心和灵魂：数字城市操作系统

数字城市的总体架构由信息基础设施层、应用支撑平台层、综合信息服务层和综合决策支持层四大部分组成，见图 4－1。

信息基础设施层是整个数字城市的基础，包括网络设施和相关数据库。现行的通信网络有互联网、局域网、3G 网、4G 网、5G 网、Wi-Fi 等。支撑城市运行的基础数据库有城市基础数据库、城市人口信息库、城市组织机构信息库、政策法规信息库、各行业各领域信息化管理数据库等。

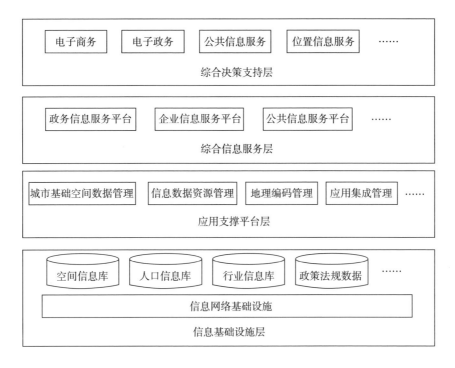

图4-1 数字城市总体架构

应用支撑平台层是联系信息基础设施层与综合信息服务层和综合决策支持层的"桥梁"和"纽带"。它利用"中间件"技术屏蔽了信息基础设施层数据资源的异构性,向上层提供了一个透明、统一的编程接口和环境。

综合信息服务层在应用支撑平台层的基础上,整合信息基础设施的信息数据资源,为政府、企业、社会和个人提供各种服务与应用的软件环境,实现提供数据、信息和服务交互、共享与人机交互智能操作的支撑平台。

综合决策支持层是在基础层与应用层之上构建的基于Web的城市综合信息系统。它对整个城市进行全方位的动态监测和仿真模拟，提供电子政务、电子商务、公众信息服务等方面的综合应用服务，实现决策管理与公共服务的网格化、精准化。[①]

通过对数字城市总体架构的分析可以发现，数字城市规划建设必须重视以下几个问题。

第一，数据信息的标准化规范化问题。数字化建设最为关键的指标就是信息传输的速率问题，高效的数据信息传输可以提升数字城市整体的运转效率，从而带动其他相关产业、社会、生态、民生等各领域的加速转型，而高效的数据传输需要依靠一套通用传输标准，如果各部门各自为战，引用的标准各不相同，例如，企业的信息化系统和政府的电子政务系统运用的标准和格式不一致，它们的数据就无法在统一的信息传输标准下实现互联互通，数字城市的运转效率就会大打折扣。

第二，管理系统互通和数据资源统筹使用问题。目前，各层级政府部门在数字城市建设方面态度积极，已经建设了不少关于城市治理的管理系统和管理平台，但这些探索主要是以单点场景、具体应用为牵引，不同委办局的需求对应不同的供应商，各系统彼此独立，数据互不相通，更谈不上跨部门、跨区域、跨系统间的数据整合利用，导致大量重复投资、资源浪费，迫切需要搭建信息集成平台，将各类数据信

---

① 魏建琳：《数字城市视阈下网格化管理运作机制解析》，《西安文理学院学报（自然科学版）》2021 年第 3 期。

息进行整合，并面向社会互动共享。

第三，数字城市建设的顶层设计问题。我国地区差异较大，各个城市有各自独特的历史、地理、文化背景，也处于不同的发展阶段，面临不同的痛点难题，数字城市建设不能一概而论、一哄而上。但在数字城市实际设计和建设过程中，有些地方政府贪大求全，没有结合城市地理区位、历史文化、资源禀赋、产业特色、人口特征等条件，选择与之匹配的合理的建设目标、规模、项目和技术路线，有的地方政府不注重考虑城市自身的特色优势，以及经济建设、民生建设和生态建设中的主要问题和实际状况，一味照抄先进城市和示范城市的经验和做法，揠苗助长。数字城市建设需要因地制宜、因城施策，坚持需求牵引、问题导向，结合城市未来发展需求和技术高速迭代形势，合理制定目标，适度超前规划，区分轻重缓急，统筹协调推进，不断增强城市的整体性、系统性、宜居性、包容性和生长性。

第四，数字城市的运营和监管问题。城市是一个复杂的动态生命体，数字城市的建设需要与物理城市同生共长。这意味着数字城市的建设不是一蹴而就的，不能使用简单的交付思维，而是要通过长期持续的投入和运营，不断沉淀，不断优化。同时，数字城市建设本身会激发新技术、新业态的产生，需要政府进行一系列的引导、激励、监管和规范，要坚持正确价值取向，划出底线边界，对代码、算法等数字技术的基本规则进行有效监管，避免技术滥用和数据歧视，把握好促进数字产业发展、数据权益分配和个人隐私保护之间的平衡，构建数字城市健康发展的生态系统。

数字城市体系是一项极其复杂、极具创新性的工程，涉及政府、企业、社会组织、居民等多维主体，涵盖技术、市场、规划、制度等多个领域，其底层是基于硬件的设备能力，上层是最终实现的各行各业及各种各样的应用开发，发挥承上启下的核心作用就是数字城市操作系统。数字城市操作系统与安卓、Windows 等电子设备的操作系统类似，它提供基础的硬件计算能力和人工智能能力，可以接入各种基础设备，同时将应用接口开放给不同行业和场景，根据需求提供定制化、个性化服务，并通过持续化运维将核心能力和智能应用不断迭代升级，真正推动城市的可持续发展。所以说，数字城市操作系统是数字城市体系的核心和灵魂。

第二节　数字城市竞争的新领域：城市大脑

我国著名建筑学家梁思成指出，城市是一门科学，它像人体一样有经络、脉搏、肌理。城市的交通、建筑、能源等就类似人的经络、脉搏、肌理，为了使这些城市功能组件可以有效联动、协作并服务于城市一体化治理，就如同人体各器官有效运作需要受大脑支配一样，数字城市也需要一个神经中枢系统——"城市大脑"进行统筹、协同、交互。

一、城市大脑的概念和发展现状

作为一个新兴概念，社会各界对城市大脑的理解和认识尚未达成一致高度。

从技术视角考量，如中国科学院虚拟经济与数据科学研究中心刘峰等（2022 年）认为，城市大脑是互联网大脑架构与智慧城市建设结合的产物，是城市级的类脑复杂智能系统，在人类智慧和机器智能的共同参与下，在物联网、大数据、人工智能、边缘计算、5G、云机器人和数字孪生等前沿技术的支撑下，数字神经元网络和云反射弧将是城市大脑建设的重点。它们的发展同时促进城市各神经系统包括城市智能管理中枢、城市视觉神经、城市听觉神经、城市躯体感觉神经、城市运动神经、城市记忆、城市神经纤维等系统的成熟。[①]

另有部分学者从治理视角研究，如全国信标委智慧城市标准工作组组织编写的《城市大脑发展白皮书（2022）》认为，城市大脑（也叫城市智能中枢）是运用大数据、云计算、物联网、人工智能、区块链、数字孪生等技术，提升城市现代化治理能力和城市竞争力的新型基础设施，是推进城市数字化、智能化、智慧化的重要手段。通过对城市全区域运行数据进行实时汇聚、监测、治理和分析，全面感知城市

---

① 刘峰、刘颖：《城市大脑发展成熟度的年龄评估模型》，《科技导报》2022 年第 40 期。

生命体征，辅助宏观决策指挥，预测预警重大事件，配置优化公共资源，保障城市安全有序运行，支撑政府、社会、经济数字化转型。在城市治理、应急管理、公共交通、生态环保、基层治理、城市服务等方面提供综合应用能力，实现整体智治、高效协同、科学决策，推进城市治理体系和治理能力现代化。

还有观点对二者进行了集成，如 2020 年发布的《杭州城市大脑赋能城市治理促进条例》对城市大脑作出了操作层面的详细描述："由中枢、系统与平台、数字驾驶舱和应用场景等要素组成，以数据、算力、算法等为基础和支撑，运用大数据、云计算、区块链等新技术，推动全面、全程、全域实现城市治理体系和治理能力现代化的数字系统和现代城市基础设施。"

现有研究对城市大脑的概念虽未达成一致，但均指出，城市大脑在生成城市智慧、创新城市治理模式与提升城市智慧治理效能等方面日渐发挥重要作用。

我国"城市大脑"的规划和建设自 2016 年起逐步启动。2016 年 10 月，杭州市政府推出"城市大脑"智慧城市建设计划，目标是让数据帮助城市来做思考、决策，将杭州打造成一座能够自我调节、与人互动的城市。按照规划，"城市大脑"将首先把城市的交通、能源、供水等基础设施全部数据化，使之成为连接城市各个单元的数据资源，打通"神经网络"，并连通"城市大脑"的超大规模计算平台、数据采集系统、数据交换中心、开放算法平台、数据应用平台五大系统进行运转，对整个城市进行全局实时分析，自动调配公共资源。这一计划拉开了全国各级城市大脑建设的序幕。①

新冠疫情的暴发加速了数字大脑由"积极探索"走向"全面建设"的新阶段。2020 年，新冠疫情暴发后，杭州市政府依托"新基建"——城市大脑赋能经济社会发展，在"数字治堵""数字抗疫""数字复工复产"等实践中持续发力。城市大脑以遍布全城的城市感知网络为硬件基础，以城市大数据为核心资源，以物联网、云计算、大数据、人工智能为关键技术，以政府主导、多元参与、共建共享为机制保障，对全城进行全感知、全互联、全分析、全响应、全应用，科学预测城市治理各项业务，精准掌握城市行为体之间的相互关系和时空条件下的动态变化，提升了疫情经济下的城市核心竞争力。

这促使各级政府意识到，在数字时代数据成为重要生产要素的大背景下，城市大脑等数字基础设施的建设情况、数据的丰裕和开发利用程度将成为新的城市间的竞争领域。2020 年以来，城市大脑建设成为地方政府为提高城市竞争力而实施的新举措，近 500 个城市宣布建设城市大脑，阿里、华为、百度、腾讯、科大讯飞、360、滴滴、京东等数百家

① 锁利铭、王雪：《城市智能化升级的复杂逻辑、耦合变迁与治理转型——以"城市大脑"实践为例》，《广西师范大学学报（哲学社会科学版）》2022 年第 9 期。

科技企业宣布进入城市大脑领域，提出自己的泛城市大脑建设计划。

把城市大脑的发展演进分为三个阶段：第一阶段主要聚焦于单一管理场景的城市治理问题，如城市交通。这个阶段未形成海量数据，数据价值较低。第二阶段以数字视网膜技术为城市大脑核心，聚焦多元场景的城市治理问题，但仍面临数据协同不畅导致的"信息孤岛"挑战。第三阶段是城市大脑发展的高级阶段。城市大脑可形成自主决策能力，通过数据深度协同破除"信息孤岛"，实现技术、业务与数据融合，以及跨层级、跨地域、跨系统、跨部门、跨业务的协同管理和服务。① 总体而言，我国城市大脑仍处于第二阶段向第三阶段的转型升级期。

二、城市大脑赋能数字城市建设的作用机理

城市大脑具有智能性、自我学习性、可预见性、集成性等特点。智能性是指城市大脑在不受人为控制的情况下，可借助自身类脑感知力、思维力与决策力，从海量数据中抓取多元有效信息，经过自主分析研判生成信息消费者需求方案并自主评估方案实施绩效的能力。自我学习性是指城市大脑借助机器学习技术，在累积信息消费者反馈信息数据的基础上，通过持续自我更新与进化自动生成城市智慧，渐进式适

---

① 张绪娥、夏球、唐正霞：《智慧城市智慧失灵"黑箱"及其优化路径探析》，《城市观察》2023 年第 3 期。

应城市复杂多变的环境，提升城市智慧治理效能的过程。可预见性是指城市大脑通过对城市实时情况的分析与研判，结合以往经验数据，对当前情况进行监测并作出预测预警的行为。集成性是指城市大脑是数字城市的神经中枢，借助多元大数据信息协同技术生成城市智慧。通过吸收数字城市中存储在不同数字系统上的数字信息，借助 5G 技术、城域网、互联网等链路进行数字信号交换，城市大脑把不同数字系统中的多元数据汇聚至自身处理系统，然后利用自身算力实现多元大数据信息协同，计算出城市信息消费者所需的信息。这些特点决定了城市大脑在实现城市的整体自治、高效协同、科学决策，推进城市治理体系和治理能力现代化等方面能够发挥重要作用。

（一）数据驱动下的效能提升

城市大脑通过城市的物联感知系统收集数据，可以实现全地区全时域的实时监测，然后依托人工智能、数据挖掘与可视化分析等技术将隐性的数据转换为显性的城市治理模型，展示城市的运行状态，分析城市运行能力，对可能发生的各种状况进行预测与预警，以"人机交互"取代原来的"人海战术"，释放了人力，由过去的被动处置到主动发现，通过多种信息通信技术整合分析问题的发展走向，为实施精准有效的治理决策提供依据，极大地提升了治理效能。

数据驱动治理效能提升的一个典型案例是昆明呈贡区的智慧城管平台建设。昆明呈贡区通过构筑城市大脑，推进人工智能、物联网、5G 等新技术在城市管理各方面的深入应用，打造了诸多"非现场管控"业务应用场景，切实提升了呈贡区城市管理的精细化、智能化、科学化水平。其中，智慧市容利用人工智能，重点围绕市容市貌、环境卫生等城市顽疾落实源头治理，可对违法停车、占道经营、非法小广告等 27 类违法事件进行自动识别和告警，并及时派遣责任单位进行处置，弥补了城市管理过程中存在的巡查人力不足、执法取证困难、信息不对称等问题，有效提升了违法行为的发现和处置效率，实现城市管理的全天候监管。智慧环卫接入环卫车、垃圾房、垃圾焚烧厂等重要点位视频监控，相关单位通过系统就可实时掌握重点垃圾房满溢情况。在智能算法的加持下，一旦出现垃圾满溢情况，系统便会自动报警，环卫公司也能通过垃圾焚烧厂的作业情况，合理调度车辆，提高工作效率。智慧公厕平台接入所有公厕信息，建立综合数据库，实现公厕线上管理。利用物联设备实现公厕气味、人流量、用电量、用水量等重要数据的实时监测，一旦信息出现异常，系统会通过语音、短信的方式提醒相关工作人员及时处理。通过智慧化手段对公厕环境和设施进行有效的监管和调节，使公厕使用方便、环境整洁，群众幸福感持续提升。智慧园林建成园林绿化资源数据库平台，完善园林绿化数字化管理系统。工作人员通过手机 App 实地巡查，上传检查记录，如有植被缺失、枯死等情况发生，立即通知养护公司进行处理，并反馈处置结果，为城市园林绿化科学规划、精细管理、动态监测、科学决策奠定坚实基础。此外，呈贡区在辖区重要点位完成了 2 个治超非现场执法点建设，执法部门可通过非现场执法检测点获取的电子数据，及时通知超限超载货车车主接受处理，提高了治超执法的整体效率。自 2022 年 7 月系统上线使用以来，辖区内重要道路超限超重现象得到有效遏制，超限率明显下降，工作效率得到极大提升，智慧化监测手段已成为"治超"工作的重要抓手。[①]

（二）网络驱动下的决策优化

随着城市规模扩大、资源流动性增加，城市运行规律日趋复杂，治理难度不断增大。城市大脑是提升城市治理水平的新平台，是实现城市精细化和现代化管理的重要途径。城市大脑建设首先是打破数据壁垒实现数据共享，建设统一的大数据平台。通过城市大脑建设，能够将分散在城市各部门各领域的数据资源连接共享，在互联互通中形成网络效应，即多个"城市小脑"连接成一个"城市大脑"，形成"脑脑互联"的网络状态，实现真正意义上的上下对接、横向连通，城市运行"一网统管"。城市神经网络的构建，使决策者能够实时掌握一手资料，给常态运行管理下的城市全貌画像，提供合理可行的实时反馈和对策建议，作出更科学的决策。同时，还可以依托大数据支撑下的全息感知态势推演后期发展趋势，智能干预城市原有发展轨迹，进而指引和优化

---

① 郑星：《构筑城市大脑 推进新技术在各领域深入应用》，《昆明日报》2023 年 6 月 13 日。

实体城市的规划、管理，改善市民服务供给，赋予城市运行管理和生活服务更多的"智慧"。

同时，所谓"网络效应"不是在一个确定性网络空间不断连线，而是不断挖掘不确定性空间的价值创造潜力，用零边际成本创造新的可能性。数据是数字经济时代最活跃、最核心的生产要素，蕴含着巨大的社会经济价值。城市大脑关注城市数据资源的生产、积累、应用和更新，全面整合城市中的各类感知数据和动态数据，深度挖掘城市全域数据价值，协调解决跨领域、跨部门、跨区域的城市运行管理问题，使得治理的边界不断被拓宽。

天津城市大脑发挥智能中枢作用，接入"数字驾驶舱""银发智能服务平台""两津联动""疫苗接种态势感知""慧治网约车""津工智慧平台""冷链食品一码明""慧眼识津""泰达智慧城市""生态城智慧城市""智慧会展""智慧供热""智慧天津港""智慧化工""智慧校园"等构建城市运行态势的多元化场景应用，从数字治理、数字惠企、数字惠民领域出发，不断推进系统跨部门、跨区域协调联动，实现了"部门通""系统通""数据通"，场景从"眼、脑、手、脉"角度出发，以智能协同为手段，以 AI 等创新技术为核心，通过场景牵引，打造了"数字天津"新名片。

此外，城市大脑还把政府和居民等信息消费者的已用信息作为城市治理经验或案例，自主吸收这些信息后生成新智慧信息，融入新一轮城市治理过程中。在这种循环路径下，城市大脑不断进行自我演进和迭代升级的模型训练，智慧水平不断得到提升，城市智慧治理水平、资源利用效率、居民参与感和获得感也随之得以提升，城市治理目标逐渐实现。

（三）平台驱动下的组织变革

传统的城市治理是以科层制结构为核心，治理的政策、资源与信息按照垂直方向上下传输，由于作为城市治理主体的各地方机构部门一直存在着权责碎片化和职责边界不清晰等问题，使得信息传递层级过多、传递链条过长，进而引发失真、错配和不对称的风险。

城市大脑能采集汇聚城市多源异构（多源指多个数据持有方，异构指数据的类型、特征等不一致）数据资源，针对不同业务系统、不同标准、不同格式类型的数据，规范数据采集口径、采集方式，建立统一的数据标准规范体系、城市标识与编码体系，对各类数据进行清洗、集成、变换、规约等标准化处理。城市大脑通过结构化和标准化降低了数据的专用性，将分散在城市各个部门、各个领域、各个层级的数据资源整合起来，需要解决问题的时候，通过中枢系统快速调取数据，让城市数据融通起来并产生协同效应，解决了城市信息资源纵强横弱、条块分割的问题，实现真正意义上的上下对接、纵横融通，"一网统管"。

例如，渣土车一直是城市治理的难题，北京市海淀区城市大脑将住建、城管委、交通支队、交通委、生态环境局、农机局和交通运输部信息中心数据融合，运用 AI 计算中心和时空一张图等，不仅未苫盖、无准运证、违反禁限行等行为能够一目了然，就连遮挡号牌也能通过 AI 自动外观和行驶线路比对实时找出"真身"，仅 2023 年上半年城市大脑就发现渣土车违反尾号限行、无准运证运输、遮挡号牌等违法违规行为 7900 多件。①

杭州市原有 52 个政府部门和单位共建有 760 个信息化系统项目，形成了一个个"数据烟囱"，城市大脑直接绕过业务部门借助传感器、物联网等数据采集终端实时获取城市治理信息，并且汇集各业务部门收集的全部信息，据此设计应对方案，再向各业务部门发号施令，有效克服了传统城市管理"条块分割"的问题，高效实现了各业务部门的协同治理。因此，城市大脑的突出作用在于集成海量城市治理数据，并向所有参与治理主体公开、共享数据，城市政府各业务部门可以自由调取数据，通过数字化手段融合数据资源，利用海量城市治理数据集成，推进业务系统之间高效协同。②通过"城市大脑"数字平台建设，杭州将全市 96 个部门链接起来，涵盖其 317 个信息化平台日均数据协同 2 亿余次，城市大脑的应用场景不断丰富，已形成 11 大系统、48 个场

---

① 孙颖：《海淀"城市大脑"插上智慧翅膀》，《北京日报》2023 年 8 月 15 日。

② 锁利铭、王雪：《城市智能化升级的复杂逻辑、耦合变迁与治理转型——以"城市大脑"实践为例》，《广西师范大学学报（哲学社会科学版）》2022 年第 9 期。

景同步推进的良好局面。习近平总书记在视察杭州城市大脑运营指挥中心时曾指出，城市大脑是建设"数字杭州"的重要举措。通过大数据、云计算、人工智能等手段推进城市治理现代化，大城市也可以变得更"聪明"。

不仅传统的行政管理组织内部，城市大脑治理下的居民、企业和社会组织通过数据作为信息要素也更多地参与到城市的治理中来，促进城市治理网络由纵向化向扁平化转变并形成多元主体创新网络。数据时代正在重塑治理结构，倒逼公务人员治理理念的转变，倒逼政府管理模式的创新，倒逼地方政府打通底层数据，再造业务流程，压缩组织冗余，厘清部门边界，推动政府内部职能权责的优化。

第三节　数字城市建设的新高度：数字孪生城市

数字孪生城市是数字孪生技术在城市领域融合应用后的产物，它利用信息技术手段在网络空间上构建一个与物理空间相对应的"虚拟城市"，把城市的过去、现状和未来在网络上进行数字化虚拟呈现，形成智能化管理体系，为政府和社会各方面提供广泛服务。数字孪生城市是数字城市发展的进阶阶段，也是未来城市形态演变的重要方向。我国"十四五"规划纲要明确指出"完善城市信息模型平台和运行管理服务平台，构建城市数据资源体系，推进城市数据大脑建设"，"探索建设数字孪生城市"。可以预见，我国数字城市建设将进入以数字孪生为驱动内核和理论基座的新发展阶段。

一、数字孪生城市的概念内涵

数字孪生是指为物理系统创造一个表达其所有知识的集合体或数字模型（也称为数字孪生体），通过实时监测系统状态，动态更新数字模型，能够提升数字孪生体的诊断、评估与预测能力；同时在线优化实际系统的操作、运行与维护，减少结构设计冗余、避免频繁的周期性检修与维护并保证系统的安全性。数字孪生最早的概念模型由 PLM 咨询顾问迈克尔·格里夫斯（Michael Grieves）博士于 2002 年 10 月在美国制造工程协会管理论坛上提出。格里夫斯博士在向工业界展示如何进行产品生命周期管理时提出两个系统——真实系统和虚拟系统。虚拟系统接收从真实空间传来的数据，镜像真实系统的状态；真实系统接收虚拟空间传来的指导信息，并相应作出响应。真实空间、虚拟空间、从真实空间到虚拟空间的数据流和从虚拟空间到真实空间的信息流被认为是数字孪生的基本要素。[①]

数字孪生技术是一个技术理论框架，在其框架下可以搭建各类实际领域的应用，如美国在航空航天的信息监测、智

_____

① 张卓雷：《数字孪生助力未来智慧城市新基建》，《信息化建设》2021 年第 9 期。

能工厂、智慧城市和 3D 打印方面开展了数字孪生技术的应用探索；德国以西门子、亚琛工业大学为代表，通过对数字孪生技术的研究应用促进"工业 4.0"落地；新加坡政府在 2014 年提出"数字孪生新加坡计划"，旨在通过开发数字孪生城市的管理平台实现对城市数据的优化整合；① 我国工信部推出的"智能制造综合标准化与新模式应用"、"工业互联网创新发展工程"，科技部实施的"网络化协同制造与智能工厂"等国家层面的专项项目，也都有力促进了数字孪生的发展。

近年来，物联网、人工智能、大数据、区块链、AR/MR 等新技术在数字城市中的应用，尤其是物联感知、新型测绘、BIM/CIM 建模、仿真、可视化等相关基础技术加速成熟，为数字孪生技术在城市层面的应用提供了较好的技术模型与基础，数字孪生城市应运而生。数字孪生城市是数字孪生技术在城市领域的应用，它将物理城市中的人、物、事件和水、电、气等所有要素进行数字化，在网络空间上构造一个与之完全对应的"虚拟城市"，通过虚实空间动态连接以及实时交互，实现城市全要素数字化和虚拟化、城市全状态实时化和可视化、城市管理决策协同化和智能化，形成了物理维度上的实体世界和信息维度上的虚拟世界同生共存、虚实交融的城市发展格局。

---

① 王筱卉、蔡宸青、宋凯：《数字孪生：支撑新型智慧城市转型升级》，《城乡建设》2022 年第 6 期。

数字孪生城市主要有新型基础设施、智能运行中枢、智慧应用体系三大横向的分层。新型基础设施包括全域感知设施（包括泛智能化的市政设施和城市部件）、网络连接设施和智能计算设施。与传统数字城市不同的是，数字孪生城市的基础设施还包括激光扫描、航空摄影、移动测绘等新型测绘设施，旨在采集和更新城市地理信息和实景三维数据，确保两个世界的实时镜像和同步运行。智能运行中枢是数字孪生城市的能力中台，由五个核心平台承载。一是泛在感知与智能设施管理平台，对城市感知体系和智能化设施进行统一接入、设备管理和反向操控；二是城市大数据平台，汇聚全域全量政务和社会数据，与城市信息模型平台整合，展现城市全貌和运行状态，成为数据驱动治理模式的强大基础；三是城市信息模型平台，与城市大数据平台融合，成为城市的数字底座，是数字孪生城市精准映射虚实互动的核心；四是共性技术赋能与应用支撑平台，汇聚人工智能、大数据、区块链、AR/VR 等新技术基础服务能力，以及数字孪生城市特有的场景服务、数据服务、仿真服务等能力，为上层应用提供技术赋能与统一开发服务支撑；五是泛在网络与计算资源调度平台，主要是基于未来软件定义网络（SDN）、云边协同计算等技术，满足数字孪生城市高效调度使用云网资源。智慧应用体系是面向政府、行业的业务支撑和智慧应用，基于数字孪生城市的应用服务包含城市大数据画像、人口大数据画像、城市规划仿真模拟、城市综合治理模拟仿真等智能应用，以及社区网格化治理、道路交通治理、生态环境治理、产业优化治理等行业专题应用。

二、数字孪生城市的建设进展

雄安新区在 2017 年最早提出建设数字孪生城市的理念。设计之初，雄安新区就提出地上一座城、地下一座城、"云"上一座城。这里的"云"，就是"数字孪生城市"。雄安新区坚持物理城市与数字城市同步规划、同步建设，每一栋建筑、每一片绿地，都拥有与之对应的数字化模型，1 平方公里内有近 20 万个公共传感器，嵌在钢筋水泥里，把各种数据实时传输到数字空间。"云"上一座城的中枢设立在雄安城市计算（超算云）中心，其承载的边缘计算、超级计算、云计算设施，为整个数字孪生城市的大数据、区块链、物联网、AI、VR/AR 提供网络、计算、存储服务，地下管网数据、道路交通信息乃至整个城市运行的数据都在这里汇聚，城市管理的各项指令，也从这里发出。雄安数字孪生城市将为建设面向未来、绿色、智能、宜居的城市提供样板，也为数字城市治理提供新的解决思路和方案。

不仅仅是雄安新区，上海、杭州、成都、青岛、广州、深圳等城市的数字孪生建设也步入实施落地阶段，建设内容涉及打造全域城市智能感知体系、万物互联网应用体系、全域全量数据资源体系、三维实景建模与城市智能模型（CIM）、先进高效算力体系、智能运维与 AI 决策等多个方面，涵盖智慧水利、智慧能源、城市综合管理、智能制造、智慧应急、教育教学、智慧环保等应用场景。其中，上海杨浦大桥的数字孪生项目可对各类桥梁设施病害实施"智能巡查、自动派单、及时处置、智能确认"的闭环管理，桥梁病害处置率从90%提高到100%；成都凤凰山体育馆通过数字孪生三维可视化管理平台实现了节能设计最优化、设备运行最优化、运营降耗最优化；福州滨海新城基于CIM城市信息模型和预置的传感设备，实现对城市生态环境、地下排水供水系统、燃气管网等项目的实时监测，确保在生态环境发生重大变化之前，能够预知并采取相应措施控制，从而提升城市的发展韧性。

2022年，我国数字孪生城市市场规模为55.7亿元，数字孪生城市建设进入快车道。未来，随着数字孪生技术的不断发展和演进，城市数据采集和迭代能力不断完善，CIM、地理信息、数据建模与仿真等技术不断成熟并融合应用，数字孪生应用领域不断拓展。

三、数字孪生城市的推进建议

在理念推广和政策驱动下，越来越多的城市加入到建设数字孪生城市的洪流中来，但从实际建设情况来看，数字孪生技术尚处于高速迭代阶段，数字孪生城市的推进仍面临对跨部门协调机制的强需求、对城市信息化基础的高要求、情况复杂建设周期长、安全保障及隐私保护难度大等不少难点问题。针对上述诸多现实问题，我们提出几点建议。

一是加强顶层设计和系统谋划。数字孪生城市的顶层设计应当遵循目标导向与需求导向相结合的原则统筹规划，充分考虑到城市未来的发展规律和信息技术的演进方向，将数字孪生城市的建设与城市治理、公共服务等应用场景紧密结合，稳妥务实地推进数字孪生技术的应用落地。建立统筹推进的组织体系和长效管理机制，建立基于统一底座的数字孪生应用体系，在标准统一的平台上逐步推动应用场景的丰富和系统的迭代发展。确立城市信息模型标准，建立并完善统一的数据标准，形成兼容不同数据类型、不同信息系统的统一城市信息模型，实现多源空间数据的准确集成，以及多模态数据的融合表达。建立城市级海量数据的实时接入服务标准，以及政府与社会各行业数据联动机制，制定数字孪生城市信息共享制度和数据安全保护规范。

二是加快布局城市全域智能设施。数字孪生城市建设的前提是对物理城市的数字映射，这就要求城市加快统筹感知体系建设，实现城市数据的实时动态采集、更新与共享。同时，基于数据资源体系建设，城市需要打造统一的数字孪生支撑平台进行全域数据的承载与运行，如城市大脑、城市IOC、城市大数据平台等。数字孪生支撑平台基于汇聚 GIS 数据、影像数据、BIM 数据等多维时空数据，以城市治理事件和场景为需求，制定全域一体的城市运行闭环流程和处置预案，实现城市治理的可视化监管、实时监测、风险预判、科学决策。

三是分步开展数字孪生技术应用。数字孪生城市建设涉及技术领域众多且其技术体系仍在不断更新和演进，建设成本较高，其建设发展不宜采用"一刀切"方式，建议因地制宜，分步实施，先开展试点，根据试点经验梳理存在的问题改进推进方案，再逐步拓展覆盖范围。可选取数字化水平较高、模型构建较为容易、部门间协同支撑能力较强的领域率先开展场景应用实践，选取社区、园区、校园、港口等范围较小且具有一定封闭性的区域优先开始建设，或者先在新城区部署传感器等智能终端，逐步建立完善数据驱动治理机制和智能定义运行机制，再逐步向城市全域、城乡一体化过渡。

四是注重平衡数字孪生城市建设的安全性与经济性。数字孪生城市数据来源面广、接入点多、数据集中度高，城市的基础设施高度依赖数据的运行，一旦被入侵安全危害很大。因此，要加强对网络空间安全方面的投入，积极开展数字孪生关键核心安全技术攻关，尤其是要充分考虑涉及个人信息数据的隐私安全问题。同时，数字孪生城市建设周期长、投资规模大，要充分利用已经积累的数字城市建设成果，在开放、可控、智能、安全、经济之间寻求安全性与经济性的平衡。

第五章

数字城市新场景

数字化纵深发展正在推动数字城市的场景化创新，其中，"IP广场现象"具有突出代表性。无论是广州白云新地标"IP无限极广场"所打造的全球总部项目，还是北京全经联IP广场所力推的"城企家园"，甚至包括购物中心或商业综合体，也呈现"无IP、不商业"的趋势。它们所关注的新聚焦点在于通过IP来带动流量、声量和人气。再如万达集团设计的"IP盛欢节"，首创联动全国范围内的万达广场打造IP、造节营销的先例。这些现象既契合了数字城市发展的必然趋势，同时也极大地丰富了数字城市场景，形成全新的"IP广场现象"。

第一节　IP广场是数字时代的场景化创新

一、数字化大势所趋

数字革命开启数字时代，兴起数字文明。正像农业文明、工业文明给人类社会带来的深刻影响一样，数字文明将从更深层次上影响经济社会的发展进程。工业时代：以工业化为标志，以机器大工业为特征；数字时代：以数字化为标志，以数据要素化为特征。工业文明：以竞争最大化为取向，以"自赢"为目标；数字文明：以协同最优化为取向，以"共赢"为目标。数字文明不是自然形成的，而是数字革命的结果，是通过数字化实现的。因为数字化已成为时代变革的重要力量。联合国发布的《2019 年数字经济报告》曾指出：数字化正在以不同的方式改造价值链，并为增值和更广泛的结构变革开辟新的渠道。正所谓"技术和数字化将会改变一切"①。世界贸易组织发布的《2020 年世界贸易报告》指出，全球大约 115 个国家制定了数字化转型计划，推出数字化战略。根据 IDC 预测，"2022 年，全球 65% 的 GDP 将由数字化推动，到 2023 年，75% 的组织将拥有全面数字化转型的实施路线图"。

当前，我国正处在数字化转型的过程中，加快数字化发展具有极其重要的现实意义和深远的战略意义。为此，我国"十四五"规划明确提出"加快数字化发展"，其着眼点是"推动各领域数字化优化升级"，协同推进数字经济发展和数字社会建设，重点是通过数字产业化和产业数字化，推动产业整体优化升级。《数字中国发展报告（2022 年）》的数据显示，我国产业数字化转型加快推进，2022 年全国工业企业关键工序数控化率、数字化研发设计工具普及率分别达 58.6% 和 77%。

在数字化发展的大趋势下，企业要么数字化，要么被数字化。只有主动加快数字化转型，企业才能赢得数字化的主

---

① 克劳斯·施瓦布：《第四次工业革命转型的力量》，中信出版社 2016 年版，第 6 页。

动。而一旦陷入"被数字化"的状态，企业将长期处于被动局面并面临被市场淘汰的风险。数字化发展是把握新一轮科技革命和产业变革先机的战略抉择，是决胜未来的关键之举。谁率先谋篇布局谁就赢得发展先机，谁就掌握战略主动，谁就拥有竞争新优势。

二、数字化推动数字城市场景化创新

数字化重塑发展新格局，再造文明新空间，不断创新数字城市新场景，推动数字城市加快发展。其中，IP广场就是生动的实例。

如前所述，数字城市是城市数字化的结果。城市数字化是一个持续的转型过程，其根本逻辑和实现场景变化不大。而数字城市则是根本性创新，从空间上和内容上都有根本性变化。特别是数字化催生空间革命，实现更优、更广、更智慧的发展格局，推动数字城市应运而生。

数字化不仅改变了我们与信息的关系，还改变了我们与空间的关系。这种变化表现为对空间的优化、拓展和智能化。特别是数字化催生空间革命，实现更优、更广、更智慧的发展格局，推动数字城市应运而生。各种数字交往方式融合创新，不断创造新场景并形成新的数字实现形式。

一是强化数字技术的产业场景应用。因地制宜发展新兴数字产业，加强大数据、人工智能、区块链、先进计算、未来网络、卫星遥感、三维建模等关键数字技术在产业场景中

的集成应用，打造具有国际竞争力的数字产业集群。

二是创新生产空间和生活空间融合的数字化场景。加强城市空间开发利用大数据分析，实现城市多中心、网络化、组团式发展。推动城市"数字更新"，加快街区、商圈等城市微单元基础设施智能化升级，探索利用数字技术创新城市应用场景，如智慧商圈，数字 IP 广场、智慧社区等。

三是推动数字孪生城市建设。推进城市信息模型、时空大数据、国土空间基础信息、实景三维中国等基础平台功能整合、协同发展、应用赋能，为城市数字化转型提供统一的时空框架，因地制宜有序探索推进数字孪生城市建设，推动虚实共生、仿真推演、迭代优化的数字孪生场景落地。

三、数字时代要着力提高企业家的数字素养和技能

所谓数字素养，主要体现在数字意识、数字理念、数字思维、数字自觉。所谓数字技能，主要是指与数字化相关的综合能力，包括基础性数字技能和颠覆性数字技能，通过数字素养和技能提升打造数字化人才队伍。

那么，为什么要特别强调提高企业家的数字素养和技能？至少有以下几个因素。

一是适应数字化变革需要。随着数字技术的广泛渗透，各类业务和市场越来越依赖数字技术并不断推动多种形式的场景化创新。如果企业家不具备相关的数字素养和技能，就很难把握市场趋势和机会，也会影响企业的长远发展。

二是优化决策流程。企业家需要处理大量的数据和信息，对这些数据的理解和分析能力直接影响到决策的效果。提高数字素养可以帮助企业家更好地理解数据，作出理性的决策。

三是提高企业综合运营水平。现代数字工具和技术可以大大提高工作效率。企业家如果能熟练使用这些工具，不仅可以提高决策效率，而且会提高企业运营水平。

四是提高创新能力和竞争力。数字技能和素养不仅有助于改善现有的业务流程，也可以推动企业创新，开发新的产品和服务，全面提高企业的竞争力。

五是提高领导力。企业家的数字素养和技能会对整个组织产生深刻影响。如果企业家具备高水平的数字素养和技能，就能更有效地领导和管理团队，全面提升组织的数字化能力。

总的来说，提高企业家的数字素养和技能是适应时代变革、营商环境变化的关键因素。企业家是时代的"弄潮儿"，变革的先行者，在时代之变、文明转型的关键时刻，要以提高数字素养和技能为优先战略选项，推动提高全社会数字化发展水平。

IP广场既是数字城市新场景，也是汇聚企业家资源的大平台，尤其可以成为提升企业家数字素养和技能的大课堂。资源集聚和数字集成有助于企业和企业家之间的多向沟通，放大协同效应，共享互动成果；同时，还可以为所有在IP广场辐射范围内的人和实体创造更多市场机遇，这也是数字城市场景化创新的真正价值所在。

第二节　推动数字城市场景化创新：从产业 IP 到 IP 广场

在数字化转型的浪潮中，城市场景不断被重塑。其中，IP 广场模式作为一种新型的数字城市创新场景，正逐渐引起关注。它结合了有形资产和无形资产、文化科技与公共空间的交融，为城市注入了新的活力，并持续推动数字城市场景化创新。

一、定义 IP 广场

IP 广场是数字城市新范式，通过集聚资源优势，集合发展能量，集中竞争焦点，放大增长空间。从其定位上来分析，突出体现以下三个特点。

首先是 IP 展示平台。IP 广场是一个融合了数字技术、文化传播和城市公共空间的创新模式。它将知名 IP 与数字技术相结合，在创造一个沉浸式的体验场景的同时，创造资产数字化实现形式。通过 IP 共创，相互加持，丰富交互场景，放大展示效应，吸引更多主体融入其中，进一步提升平台的展示功能。

其次是 IP 孵化基地。传统空间和运营资产模式，更多依托于传统园区、楼宇群，聚集的是企业而不是 IP。而 IP 广场通过数字赋能创新孵化新模式和收益新机制。不仅有物理空间的租金收益，还有 IP 入驻展示的收益，IP 投资参股、孵化与加速的收益，IP 协同共创城市资产运营解决方案的输出收益。这是 IP 广场的价值增长点。

最后是 IP 交流空间。IP 广场更是一个社交和互动的场所。参与者可以通过各种设备与场景互动，分享体验成果，创造转化机会。IP 广场有效融合物联网和 AI 技术，使多种智慧服务与多场景互相配合，如智能导航、个性化推荐、自动翻译等，提供更加便捷的终端体验。IP 广场还是一个文化传播和教育的场所。它将文化内容与科技相结合，使文化更加容易被理解和接受，同时也为所有参与者提供了一个学习和成长的机会。

IP 广场在创新中不断完善，随着新 IP 的出现和市场趋势的变化，广场在内容和场景方面可以进行持续的更新和延展，保持长期的魅力和吸引力。

因此，全经联 IP 广场是有独特价值的生命体，是满足"信用 + 符号 + 内容 + 场景 + 流量"新要素的量化要求的，完全超越了市场竞争的零和博弈，通过数字赋能，云、网、端、台协同作用，IP 链接会产生新价值、新增量。

概而言之，IP 广场作为数字城市场景化创新，为城市公共空间注入了新的活力和主题意义。随着数字技术的进一步发展，我们有理由相信，IP 广场模式将在未来得到更充分的重视，实现更广泛的应用和推广。

二、创新意义

从产业 IP 到 IP 广场，在放大 IP 内涵的同时，也创新了广场功能，拓展了数字城市发展路径。产业 IP 通常指知识产权，也就是企业在产品或服务开发过程中所拥有的知识产权，包括专利、商标、版权等，既是企业的重要标识，也是企业在市场竞争中的核心资产。

IP 广场在坚持原生导向的同时，突出了 IP 开放互联功能，并形成整体互动。例如，全经联 IP 广场中，有人物 IP、产品 IP、产业 IP 和城市 IP，更加体现了有流量、有符号、有信用、有内容、有场景的价值生命体。

随着数字化和实体产业的深度融合，IP 在城市发展和创新中的作用越来越大。IP 广场作为一个全新的概念，旨在为城市创造一个线上线下融合的、围绕特定 IP 内容的集聚地。为了增强对 IP 广场的理解，对其功能及在数字城市场景中的创新意义作简要分析。

从创新角度看，在当今数字时代，IP 的价值被广泛认识和开发。IP 广场作为一个交流、交易和推广 IP 的平台，已经经历了一系列创新，并发挥了多种功能。

最初，IP 广场可能仅仅是一个实体的交易地点或展览场所。随着技术的进步，现在的 IP 广场既是一个现实空间，也可能是一个虚拟的线上平台，如一个 App 或网站，甚至是一个 VR 或 AR 环境。当然，也可能是两者结合的形式。随着 AI 技术的融入，使得 IP 广场的功能得到增强，如通过 AI 分析用户的行为、需求和趋势，为用户推荐合适的 IP 或合作伙伴。同时，区块链技术的引入为 IP 交易带来了透明性、安全性和信任度。去中心化的交易方式减少了中介，使交易更加高效和低成本。

从功能维度看，IP 广场首先是一个展示平台，无论是创作者、公司还是其他组织，都可以在此展示他们的知识产权，如品牌、故事、形象等。其次，IP 广场提供了一个安全、便捷的交易环境，使得持有者、开发者、投资者能够在同一平台上交流互动，购买者和销售者能够轻松地进行交易。通过广场，IP 的持有者可以找到合作伙伴，共同开发衍生品，做大规模、提高水平。

一些高级的 IP 广场甚至提供了自动评估和分析功能，帮助用户了解其知识产权的潜在价值和市场趋势。同时，对于初入行的创作者或企业，IP 广场可能还提供了各种关于 IP 的教育和培训资源。考虑到知识产权涉及的法律问题，许多 IP 广场还配备了法律咨询服务，帮助用户了解并维护自己的权益。

从现实发展看，IP 广场已经从一个简单的交易或展览场所，发展成为一个功能性平台，提供多种服务和功能。随着数字技术创新发展，可以预见，未来的 IP 广场将更加智能、高效和用户友好。

第三节 IP广场：城市功能再造与放大扩散效应

IP广场不仅在经济上丰富了交易场景，而且在功能上提升了城市发展水平，并且有助于形成强大的平台效应和扩散效应。随着数字城市的深入发展，IP广场将进一步创新场景，完善机制，形成强有力的市场吸引力和行业带动力。

一、城市功能再造

随着城市化进程加速，许多城市面临功能落伍、空间利用低效和文化同质化的问题。IP广场的出现为城市发展带来了一个新的机遇，在推动城市功能再造的同时，要进一步放大IP广场的优势。

1. 活化城市空间。很多城市存在大量的闲置土地或老旧建筑，如废弃的工厂、仓库、火车站等。IP广场可以利用这些空间，经过改造和设计，赋予其全新的文化和商业功能，实现城市空间的再利用。

2. 提升城市品质。IP广场通常会注重其环境设计和公共服务，如绿化、公共设施、休闲空间等。这不仅提高了城市的美誉度和舒适度，还增强了城市的吸引力和竞争力。

3. 形成新的交通和商业中心。一个成功的IP广场往往可以吸引大量的客户和消费者，形成新的人流聚集点。这对周边的交通、商业、酒店等产业都会带来正向的拉动效应，促进城市功能的再布局。

4. 加强社区和人文连接。IP 广场通常会注重与当地社区的连接和互动，如举办各类社区活动、合作开展一些公益活动等。这有助于加强社区的凝聚力和向心力，推动城市的人文和社会发展。

5. 推动技术和环境融合。IP 广场通常会采用前沿的数字技术，如 AR、VR、AI 等，与环境和文化内容相结合。这不仅提高了广场的体验感和吸引力，还推动了城市的技术应用和环境创新。

总之，IP 广场与城市功能再造有着天然的契合度。通过将传统的城市空间与现代的文化、技术相结合，IP 广场不仅可以破解困扰城市发展的难题，还可以为城市带来新的活力和机遇。对于追求可持续、有活力、有特色的城市来说，IP 广场无疑是一个值得探索的方向。

二、创新价值

1. 加强城市品牌建设。IP 广场可以增强城市的品牌形象，使其与某一文化、历史或娱乐 IP 紧密关联，从而吸引更多的客户和投资，提高全社会的关注度。

2. 促进文化产业发展。IP 广场提供了一个重要的平台，可以集聚相关的企业、机构和创意人才，促进文化产业链的形成和发展。

3. 放大数字技术关联效应。IP 广场的运营需要大量的数字技术和工具，可以推动相关技术的研发和应用，提高城市的数字化应用水平。

4. 增强公众参与度。通过线上线下的互动和体验，加强公众对特定 IP 的参与和认同，从而增强他们对城市的归属感和文化自信。

5. 拓展城市经济增长点。IP 广场不仅可以形成较大流量，还可以推动相关的商业活动，从而增加城市的活跃度，推动形成城市经济新增长点。

6. 推动城市国际化。对于具有国际知名度的 IP，其广场可以吸引海外的游客和粉丝，促进国际交流与合作。

IP 广场作为集数字技术和资产权益为一体的新型场所，不仅可以加强城市的品牌建设，还可以实现资产价值最大化，扩大城市经济增长点，推动城市国际化。在未来，随着数字技术和城市的深度融合，IP 广场的功能和意义将会更加明显，成为数字城市场景创新的重要形式。

三、IP 广场的多重效应

在数字化和文化产业蓬勃发展的背景下，IP 广场作为城市公共空间的新形式，产生了深远的影响和积极效应。

从宏观维度看，其积极效应主要包括如下几个方面。

1. 集聚效应。通过资源高效集聚、深度整合，推动形成生态环境最优化和共同利益最大化。

2. 展示效应。企业和城市集中汇聚，既增强交互功能，又强化集优发展，共同提升展示效能。

3. 协同效应。以 IP 广场为载体，形成利益共同体，同步参与市场竞争，持续放大协同发展优势。

4. 引领效应。集中优势主体，引领主流趋势，创新集成发展路径，实现优势最大化发展。

5. 扩散效应。通过优势互补、叠加放大，扩大整合优势，持续提高影响力，强化扩散效应。

6. 示范效应。创新数字城市场景，优化资源配置水平，不断提高可示范性。

从微观维度分析，IP 广场的效应还体现在以下几个方面。

1. 品牌效应。有价值的 IP 往往具有较大的认同基础和市场价值。将其转化为实体空间的形式，不仅可以延伸 IP 的生命周期，也为品牌带来了新的增长点。同时，IP 广场为品牌提供了一个与消费者面对面交流的机会，增强了品牌的影响力和忠诚度。

2. 经济效应。IP 广场能创造流量优势。这不仅为当地带来了直接的经济收益，还能带动周边的相关设施改造提升、更快更好发展。

3. 技术推广效应。IP 广场通常会采用前沿的数字技术，不仅增强了 IP 广场的吸引力，还为大众提供了一个体验和了解这些技术的机会，推动了技术的普及和应用。

4. 社交效应。 IP 广场提供了一个集中的、开放的、多功能的公共空间，能够吸引各种人群前来参与。这为大众提供了一个社交和交流的机会，加强了人与人之间的连接和互动。

5. 城市形象效应。 IP 广场往往成为城市的新地标，对外展示城市开放、创新、活力的形象。它不仅可以吸引外地游客和投资者，还能增强城市居民的归属感和自豪感。

6. 环境美化效应。 许多 IP 广场在设计和建设时都注重环境美化和绿化，为城市创造了一个宜居、美观、舒适的公共空间。这不仅提高了城市的生活品质，还有助于城市的可持续发展。

总之，IP 广场的效应不仅仅局限于其直接的经济和文化价值，还涉及技术、教育、社交、环境等多个层面，已经成为数字城市发展的重要推动力，预示着未来城市公共空间的新方向。

第四节　IP 广场助推数字化转型

随着社会经济发展和科技进步，IP 广场的价值和作用也在不断地拓展和深化。从消费端到生产端的转变，使其成为创意产业的重要基地和技术创新的平台；从文化娱乐到要素资源的整合，使其成为文化、技术、人才、资金和市场等资源的聚集地。这种转变不仅为 IP 广场带来了更多的商业机会，还强化了其在经济、文化和技术中的核心地位。在未来，IP 广场将继续发挥其独特的价值和作用，为城市产业和经济社会发展作出更大的贡献。

一、从文化消费到产业资源集聚，从流量造城到集聚优势最大化

在当代社会，IP 的价值日渐被人们所认知，并在许多领域得到了广泛的运用。IP 广场作为 IP 的"集散中心"，经历了从单纯的文化消费平台到产业资源集聚平台的转变，并且通过利用流量优势实现了集约发展。

从文化消费到产业资源集聚。在 IP 概念初兴起的时候，大众对其的认知主要集中在文化和娱乐领域。热门的小说、电影、动画或游戏被视为可赚钱的 IP，这些内容主要满足了大众的文化消费需求。随着时间的推移，人们开始意识到 IP 不仅仅是文化消费的载体，IP 的概念和价值触及了更多产业领域，如教育、科技、旅游及城市资产等。IP 广场逐渐成为一个多产业交叉融合的集聚中心，促进了产业资源的共享和合作。

从流量造城到集聚优势最大化。在互联网高速发展的初期，IP 广场主要依赖流量来推动其成长。这种模式很像"造城"，即通过吸引大量用户访问和消费，从而实现 IP 广场的

增长和扩张。

随着 IP 广场的进一步发展，单纯的流量已不再是 IP 广场的主要追求。流量的质量和价值变得更为重要。例如，吸引到的流量是否能够转化为实际的消费？这些流量背后的用户是否有持续的忠诚度和黏性？等等。

为此，IP 广场开始通过各种策略和手段，如提供更加精准的个性化服务、加强与 IP 持有者的合作关系、推出更加丰富和有吸引力的内容等，促使流量优势集聚最大化。这不仅提高了 IP 广场的竞争力，也为用户和 IP 持有者带来了更多的机会。

当然，IP 广场的发展并不能一蹴而就。它经历了从满足大众文化消费的初级阶段，到产业资源的高度集聚，再到利用流量优势实现集聚优势最大化的转变。这一发展过程充分展示了 IP 广场如何适应并引领时代的潮流，不断创新和完善自己，为社会创造更多的价值。

二、从消费端到生产端的转变及价值实现形式多样化

随着经济社会的快速发展，IP 广场作为文化与技术交融的产物，其价值也正在从单纯的消费端逐渐拓展到生产端，从文化娱乐转变为要素资源的整合平台。这种转变不仅为 IP 广场带来了更多的商业机会，还强化了其在经济、文化和技术中的核心地位。

1. 从消费端到生产端的转变。IP 广场不仅是文化内容

的展示和消费场所，还成为创意产业的重要基地，鼓励和支持创意人才的创新活动，促进知识产权的保护和利用。

结合现代数字技术，IP广场开展各种技术研发和应用活动，如虚拟现实、增强现实、人工智能和大数据分析，推动技术的创新和发展。推动文化产业链延伸，从内容创作、生产、发布、销售到后期服务，IP广场涵盖了文化产业链的全过程，为文化企业提供一站式的服务和支持。

2. 从文化娱乐到要素资源整合。IP广场不仅是文化内容的展示和消费场所，还是技术创新和应用的平台，两者相互促进，形成了文化和技术的有机融合。

通过组织各种研讨会、工作坊和培训课程，IP广场成为文化和技术人才的聚集地，促进了人才的培训和交流。

通过与金融机构、投资者和市场合作，IP广场为文化企业提供了资金支持和市场渠道，促进了文化产业的发展。

3. 价值的实现。IP广场不仅可以吸引大量的游客和消费者，还可以推动相关的商业活动。通过文化内容的展示和传播，IP广场加强了文化的影响力，提高了文化的传播效果和认知度。结合现代数字技术，IP广场为技术创新提供了重要的平台，推动了技术的研发和应用。

IP广场整合了文化、技术、人才、资金和市场等资源，为文化企业提供了一站式的服务和支持，提高了资源利用效率。

三、从产业 IP、IP 运营商到 IP 广场

从全经联发展历程可以发现，IP 价值实现经历了从产业 IP、IP 运营商到 IP 广场逐层深化的过程。其中，在打造 IP 生态优势的同时，全经联创造性地提出了"IP 运营商"的概念，进一步完善了 IP 价值发现功能和实现形式。全经联的核心理念就是 IP 化，这是一个极为重要的创新。正像工业社会以商品化、资本化作为可通约的价值实现形式一样，数字社会以 IP 化作为可通约的价值实现形式。全经联认为，工业时代是产品时代，产品和产品是不能链接的、企业和企业也是不能链接的。数字时代是 IP 时代，通过 IP 可以实现广链接。探索出了一条通过 IP 运营，孵化与加速 IP 成长、培养 IP 运营商、培育产业生态的全新路径。其目标就是把实体资产 IP 化，这样才能实现广泛链接，才能有效运营。

从理论价值来认识，经典经济学理论阐述了商品"蛹化"为货币、货币"羽化"为资本的过程，同时也揭示了资本化成为通行于资本社会的价值实现形式。这是对人类的重大贡献，因为它不仅明确了资本化的可通约性，也揭示了资本社会的本质属性。那么，在数字时代，什么是通行于数字社会的价值实现形式？或者通俗地说，什么是数字社会的通行证？答案就是 IP 化。通过 IP 化，可以实现不同主体间的广链接，实现可通约的价值实现。

为此，全经联提出 IP 运营、盘活资产、造血城市、振兴

经济，并同时成立了全经联产业 IP 运营联合体，为数字城市建设和发展提供适配的产业 IP 内容和 IP 运营商，持续聚集、孵化和加速各类产业 IP 成长，培养了大量的 IP 运营商，建立数字城市 IP 生态，探索以 IP 运营为模式的共生发展道路。

前述内容中我们分别阐述了产业 IP 的功能特点，以及 IP 广场的主要特征。这里有必要对 IP 运营商进行重点分析。因为这不仅是一个全新概念，而且是数字城市条件下 IP 价值实现的重要路径。

如果从功能上来区分，产业 IP 更多体现个性化，以放大个体优势为原则；IP 运营商更多体现市场化，以 IP 交易价值最大化为目标；IP 广场则更加体现公共性，以平台为特征，聚合资源、促进交易、实现价值。这其中 IP 运营商起到关键性作用，资产 IP 化，只有高效运营才能实现价值，而 IP 广场提供了更大的运营空间。因此，IP 运营商是价值实现的关键推手。从这个意义上说，全经联就是一个典型的 IP 运营商或者说是 IP 运营商模式。

随着数字化时代的快速发展，城市正在经历前所未有的转型。数字技术为城市提供了无限的机会，来改善其运作和提供更高效、智能和可持续的服务。在此背景下，IP 运营商成为数字城市资产运营和价值实现的主要方式。其主要成因包括以下几个方面。

1. 资产 IP 化。 在数字时代，许多城市的价值逐渐转向非物质资产。如数据、算法、软件和其他数字技术。随着城市资产的 IP 化，为 IP 运营商创造了巨大的市场需求，使其成为数字城市资产的主要运营者。

为更好地理解资产 IP 化，表 5－1 对比分析了资产化模式和 IP 化模式。

表 5－1　资产化模式和 IP 化模式对比

	资产化模式	IP 化模式
焦点	重点关注物理资产的获取、维护和升值	重点关注资产的数字化呈现、利用和共享
价值创造	通过投资、管理和运营实物资产来创造价值	通过数字化、分析和共享资产数据来创造价值
运营决策	通常是长期的，旨在确保资产稳定收益	更加动态，可根据实时数据进行调整，响应市场变化
管理方式	强调资产的实际管理，如维护、升级、出租或出售	强调数据管理、分析和利用，使用 AI、大数据和其他技术进行智能运营
风险	与物理资产相关的风险，如损坏、技术过时或市场价值下降	与数据相关的风险，如数据泄露、错误分析或技术过时

2. IP 维护常态化。随着数字资产的价值日益突出，对其的保护也变得尤为重要。IP 运营商通过其专业的知识产权服务，为数字城市提供了保护其核心资产、防止侵权，以及确保其在市场中的竞争力的手段。

3. IP 运营商专业化。IP 运营商以其专业知识，为客户提供知识产权策略、评估、许可和转让等一系列综合服务。

这确保了数字城市能够充分利用其数字资产，创造最大的经济和社会价值。

4. 数字城市的合作与创新。随着数字技术的迅速发展，促进城市间高水平互联互通，以推动创新并实现其数字化目标。IP 运营商正是这种合作关系中的关键一环。他们不仅为城市提供知识产权服务，还连接各种创新者、开发者和投资者，共同为数字城市创造价值。

5. IP 运营商的全球视野。随着全球化的趋势，许多数字城市希望其数字资产能够在国际市场上获得成功。IP 运营商具有全球的网络资源，可以帮助城市将其数字资产推向国际市场，实现其全球价值。

总之，数字化时代为城市带来了巨大的机会，但也带来了许多挑战。IP 运营商正是帮助城市管理、保护和实现数字资产价值最大化的关键。通过专业的服务，IP 运营商为数字城市提供了实现其经济和社会目标的重要路径。随着数字化的趋势日益加强，IP 运营商的角色将越来越重要，并将成为数字城市发展的核心合作伙伴。

第五节　把握数字时代趋势　推动数字城市发展

IP 广场作为数字城市的新场景具有无限的探索和发展空间，并将随着数字城市的发展而进一步完善，以其巨大的聚合力和影响力，开创融合发展新路径，创新融合发展新形态。

一、IP 广场的创新及未来发展趋势

IP 广场作为文化、技术与公共空间交汇的场所，成为数字化时代的城市新地标。它的创新点和未来发展趋势，引起社会广泛关注。

首先，从创新来看，突出表现在以下几个方面。

1. 文化与数字技术相融合。IP 广场将文化内容与最新的数字技术相结合，为参与者创造出一个全新的沉浸式体验。这种结合不仅提高了文化内容的吸引力，还为数字技术开辟了应用新场景。

2. 创新社交互动方式。传统的公共空间往往注重实体设施，而 IP 广场强调的是人与人、人与内容之间的互动。这种互动不仅仅是物理上的，还包括虚拟的、数字的元素。

3. 商业模式创新。IP 广场为商家提供了一个与消费者近距离接触的机会。这种接触不仅仅是商业的，还包括文化、情感的交流。

其次，IP 广场的未来发展显现出了以下趋势性变化。

1. 个性化与定制化结合。随着大数据、AI 等技术的进一步发展，IP 广场将能够为每个参与者提供个性化和定制化的体验。这种体验不仅仅是内容上的，还包括服务、环境等各个方面。每一位参与者均可按照自身的喜好和知识文化背景获取最为匹配的 IP 内容和服务。

2. 虚拟与实体相融合。虽然目前的 IP 广场主要侧重于实体空间，但随着物联网、VR/AR/XR 等技术的进一步全面覆盖，未来的 IP 广场可能会在 IP 内容的基础之上，形成虚拟与现实互相交织融合的互动空间。

3. 突出绿色与可持续性。随着人们环境保护意识普遍增强，IP 广场在建设和运营中将更加注重其所留下的碳足迹。它将集成低碳的建筑特色和绿色的运营方式，为参与者和周边环境提供一个绿色、健康、可持续的城市空间。

4. 文化功能的进一步提升。除了娱乐和商业功能之外，未来的 IP 广场还将在文化教育功能方面进行重大拓展。IP 广场有望成为一个文化交流、学习、成长的开放型平台，对参与者的文化素养和认知能力，特别是数字素养和技能进行有效培养。

总之，IP 广场作为数字时代的一个新型城市场景，充满生机和活力，具有广阔的发展空间。它是一个文化传播、社交互动、技术应用、商业创新的平台。随着技术和文化的进一步发展，我们有理由相信，IP 广场将为人们创造出一个更加丰富、多彩、有深度的都市生活空间。

二、新商业机会

随着文化和技术融合趋势的愈加显现，IP 广场作为数字时代的新生产物，在赋予消费者数字新体验的同时，也为企业家们带来了前所未有的商业机会和风险挑战。

1. 新商业机会。一是品牌扩展。企业家可以通过 IP 广场将其原有的品牌或产品线延伸到实体空间，形成线上线下的互补，增强品牌的影响力和市场份额。二是文化内容变现。对于拥有文化和娱乐 IP 的企业家，IP 广场提供了一个新的变现渠道，如门票、衍生商品、赞助等。三是技术应用。对于科技企业，IP 广场是一个应用和推广其技术的最好场所，如 AR、VR、AI 等数字技术已经在 IP 广场得到广泛应用，并取得积极的市场反响。

2. 创新驱动。IP 广场要求企业家不断创新其内容和形式，以满足消费者的新需求和期望。这对企业家的创新能力和思维提出了更高的要求。而对于企业家而言，这同样也是一个将传统商业模式与新技术、新文化形式相结合的机会，有利于挖掘新的附加价值点。

3. 投资与风险。一是资本需求。构建一个 IP 广场通常需要大量的资金投入，从选址、设计、建设到运营，整个流程都需要资金的持续注入。对于企业家来说，这是一个重大的资本决策，需要仔细评估投资回报率。二是市场风险。虽然 IP 广场有着巨大的市场潜力，但也面临着市场变化、技术更新、消费趋势变化等外部风险。为此，有志于 IP 广场赛道的企业家必须具备敏锐的市场洞察力和风险管控能力。

4. 合作与联动。IP 广场的成功需要多方的合作，如内容提供者、技术供应商、投资者、政府等。对于企业家来说，如何构建和维护这些合作关系，形成一个有机的生态系统，是其成功的关键。同时，IP 广场也可以与其他商业模式和渠道形成联动，如线上商店、社交媒体、广告等，形成一个全渠道的营销体系。

5. 社会责任与影响。IP 广场不仅是一个商业项目，还是一个文化和社交的公共空间。企业家在追求经济利益的同时，也需要承担一定社会责任，如文化传播、社区建设、环境保护等。一个成功的 IP 广场，可以提高企业家的社会影响力和声誉，为其带来更多的商业机会和合作伙伴。

总之，IP 广场为企业家提供了一个新的商业领域，充满了机会和挑战。对于有远见、有创新、有勇气的企业家来说，这是一个不可错过的时代机遇，也是一个锻炼和展示其能力的舞台。

三、如何更好发挥 IP 的作用

随着数字技术的迅猛发展，IP 的保护与利用成为焦点。数字化不仅为 IP 的管理、保护和交易带来了便利，也为其创新与推广提供了前所未有的机会。

1. 利用数字技术管理和保护 IP。一是数字化存储。确保 IP 信息的安全存储，如使用云存储技术，确保数据备份，防止数据丢失。二是加密技术。保护知识产权不被非法复制、传播。如对数字媒体内容采用 DRM（数字版权管理）技术。三是区块链技术。用于跟踪 IP 的所有权和使用，为

IP 交易提供透明、不可篡改的证据。

2. 利用数据分析优化 IP 策略。一是市场趋势分析。利用大数据技术分析用户需求和市场趋势，指导 IP 的创新和营销。二是用户行为追踪。通过对用户行为的分析，为 IP 的持有者提供有关产品或服务如何被消费的深入见解，从而优化 IP 使用策略。

3. 利用数字平台推广 IP。一是利用社交媒体平台进行 IP 的宣传和推广，与目标用户建立互动和联系。二是为用户提供身临其境的体验，增强 IP 的吸引力。三是对于教育相关的 IP，可以通过在线教育平台进行推广和销售。

4. 利用数字化手段进行 IP 交易。一是在线交易平台。如 IP 广场为买家和卖家提供一个便捷、高效和透明的交易环境。二是智能合约。利用区块链技术实现自动执行的合同，简化 IP 交易流程，减少纠纷。

5. 利用 AI 技术增强 IP 的价值。一是 AI 辅助创作。如利用 AI 生成音乐、绘画等，为艺术家提供灵感，增强 IP 的创新性。二是 AI 推荐系统。分析用户的喜好和行为，为他们推荐相关的 IP 内容，提高用户黏性。

总之，数字化为 IP 的保护、管理、交易和推广提供了强大的工具和机会。企业和个人应当充分利用这些数字化工具和策略，发掘 IP 的潜在价值，实现 IP 效应最大化发挥。在数字化时代，只有不断创新和适应时代的变化，才能确保 IP 始终保持其活力和竞争力。

四、企业如何充分利用 IP 广场

IP 广场是一个中心化的交易和展示平台。随着数字经济的兴起，企业越来越认识到知识产权的价值，从而寻求如何在 IP 广场上更有效地利用其 IP 资源。

1. 对自身 IP 进行清晰定位。一是知识产权审核。企业首先应对其拥有的知识产权进行详尽的审核，明确其所有权、范围和潜在价值。二是市场定位。确定自己的 IP 是面向哪个市场、哪类消费者，以便更精确地在 IP 广场进行推广。

2. 利用 IP 广场进行 IP 交易。一是发布 IP 信息。在 IP 广场上发布自己的知识产权信息，包括相关的技术、艺术作品、商标等，增加被发现和交易的机会。二是主动搜索。不仅等待买家上门，还要主动搜索潜在的买家或合作伙伴。

3. 探索多种合作模式。一是授权模式。除了直接销售 IP，企业还可以选择授权模式，允许其他企业或个人在一定期限内使用其 IP。二是联合开发。与其他企业或研究机构合作，共同开发新的产品或技术。

4. 充分利用 IP 广场提供的培训资源。IP 广场经常会举办与知识产权相关的研讨会和培训，企业应该积极参与，以增强自己的知识产权意识和能力。同时，利用 IP 广场提供的法律和市场咨询服务，为自己的知识产权策略提供指导。

5. 利用数字化手段提高交易效率。一是在线合同。使用 IP 广场提供的在线合同模板，简化交易流程。二是智能匹

配。利用 IP 广场的智能匹配功能，快速找到潜在的买家或合作伙伴。

6. 通过 IP 广场进行品牌建设。一是高质量展示。确保在 IP 广场上展示的内容具有高质量，能够吸引买家的注意。二是互动与反馈。积极与潜在买家或合作伙伴互动，收集他们的反馈信息，不断优化自己的知识产权战略。

7. 定期更新与优化。一是跟踪市场变化。知识产权的价值并不是固定的，需要根据市场的变化进行调整。二是更新 IP 信息。确保在 IP 广场上的信息始终是最新的，反映其最新的研究成果和市场动态。

8. 建立长期策略。一是持续投资。把知识产权作为长期资产，持续在研发和保护上进行投资。二是长期合作。与其他企业或研究机构建立长期合作关系，共同探索知识产权的潜在价值。

IP 广场为企业提供了一个重要的平台，帮助用户更好地保护、管理和交易 IP 资源。为了充分利用这个平台，企业需要有明确的策略，持续地更新和优化自己的 IP 资源，同时也要与其他企业和机构建立良好的合作关系，共同推进 IP 广场建设，推动实现 IP 运营价值最大化。

数字城市为 IP 广场营造新空间，IP 广场激发数字城市新活力，二者相辅相成，共创数字化新未来。

首先，数字城市营造 IP 广场新空间。传统的城市空间受限于物理尺度和地理位置，而数字城市成功打破了这些局限。数字城市的显著特点之一是它能够不被地理空间所束缚。无论身处何地，人们都能够通过数字工具即时访问城市的各种资源和服务，从而真正实现空间的自由流动，这为城市的发展打开了全新的可能性。数字城市不仅仅是一个城市的数字化表现形式，更是一个全新的空间概念。在数字城市中，数据和数字技术被用来实现更高效、更便捷、更智能的城市管理和服务，使得城市运作变得更为流畅。

其次，IP 广场激发数字城市新活力。IP 广场是基于数字技术的创意和知识产权的展示、交流和交易平台。IP 广场作为一个数字化的平台，为资产数字化交易提供了一个全新的、去中心化的展示和交流空间。在这里，创意不再受到地理、文化或政治的限制，可以自由流动和交流。在 IP 广场中，创意作品、知识产权和各种数字资产可以被展示、交流和交易。这为数字城市带来巨大经济价值的同时，也充分展现了数字城市新活力。

最后，数字城市和 IP 广场相辅相成，共创数字化新未来。数字城市和 IP 广场相辅相成，共同塑造了一个数字化的未来。数字城市提供了一个高效、智能的空间环境和硬件及基础设施，为 IP 广场的发展提供了基础支撑，而 IP 广场则为数字城市注入了软实力和新元素，使其超越了虚拟空间的概念，成为一个在三维空间可以实现实体交流的真实场所。数字城市为 IP 广场提供了强大的技术支撑，而 IP 广场则为数字城市注入新活力。二者之间形成了一个共生的关系，即

"技术与内容共生"共同推动数字化未来的发展。

　　总之，数字城市和IP广场是数字技术和空间创造的完美结合，共同构建了一个经济与社会双重价值的生态系统。它们共同为我们展示了一个充满创意、智能和活力的数字化未来。在这个未来愿景中，城市居民不仅可以在数字加持下更高效地工作和生活，还可以在一个高度数字化的实体空间中更深入地体验和分享文化的魅力。

第六章

数字城市融合发展

融合发展是数字经济的本质特征，共生协同是核心要义。数字城市为融合发展提供新空间，拓展了新内涵，并将全面提升数字城市融合发展水平。数字城市不仅仅是技术和硬件的集成，更是一种对于未来城市生活、管理和服务的重新定义。与数字经济融合发展有所不同，数字城市融合发展进一步突出重点、拓宽领域。不仅加大经济领域融合力度，而且扩展至政治文化和社会生态领域，也就是《数字中国建设整体布局规划》提出的"五位一体"深度融合。目的是要全方位推进数字城市融合发展，塑造数字城市融合发展新样本。

第一节　总体思路："四新"推动融合发展

数字城市为融合发展拓宽新视野，开辟新路径，进一步丰富了数字城市融合发展新内涵。

一、新境界

数字城市融合发展可以理解为一个城市在数字技术、数字工具和智能化手段的驱动下，对城市各种资源、行业和服务进行整合，以数字化重构城市体系，全面提高城市的管理效率、智能化水平、公民的生活质量及经济可持续发展能力。主要体现在以下方面。

1. 在技术层面。借助先进的信息技术、大数据、物联网、人工智能、云计算、量子信息等，为城市管理提供技术支撑，使城市的运作更为智能、高效和绿色。这是数字城市的基本要求，也是美好生活的主要内容。

2. 在服务层面。通过数字化手段提高城市服务的效率和质量，如智能交通、智慧医疗、在线教育、绿色能源等，使公民享有更高质量的城市生活。这是数字城市的主要内容和基本要求。

3. 在管理层面。数字化手段提高了城市管理的透明度和效率，如智慧治理、智能监控、数据分析等，有助于作出更加合理的管理决策。这是数字城市的重要保障和主要举措。

4. 在经济层面。推动传统产业与数字产业的深度融合，创新经济增长模式，形成新的经济增长点，促进就业和经济的持续健康发展。这是数字城市的活力源泉和重要基石。

5. 在社会层面。数字城市不仅仅是技术和经济的问题，更是文化、社会习惯、公民意识等多方面因素的融合，需要广大市民的参与、理解和支持。这是数字城市健康发展的重要条件和根本目的。

二、新特点

1. 数据驱动。数字城市融合发展高度依赖大数据的采集、处理和分析，形成以数据为核心的决策体系和运营模式。在这样的背景下，数据资源成为关键资产，为城市管理、商业创新和社会服务提供重要支撑。

2. 智能化应用。借助人工智能、机器学习和其他先进技术，数字城市可以自动分析数据，形成智能决策，自动调度资源，以实现更加精确、高效的城市管理和服务。

3. 系统化整合。数字城市融合发展不仅仅是单一系统的数字化，更是多个系统、多个领域的深度整合，形成一个有机的、互联的、高效的城市运营体系。

4. 社区化互动。数字城市提供了公众参与城市管理和服务的新渠道，通过各种在线平台、社交媒体等，公众可以更加便捷地与城市管理者、服务提供者互动，参与决策，共同创造价值。加强了社区的凝聚力，也为城市融合发展创造了有利条件。

5. 绿色与可持续。数字城市注重资源的高效利用，减少浪费，通过智能化手段实现绿色发展、减少污染，为实现可持续发展提供技术支撑。

6. 开放与创新。数字城市鼓励数据的开放和共享，为各种创新活动提供有力支撑。开放的数据资源可以催生大量新的商业模式、服务模式和管理模式，实现与市民的更有效融合。

7. 城乡一体化。数字城市的建设和发展不仅仅局限于城区，还要扩展到乡村，实现城乡融合发展，提高乡村的数字化水平，促进城乡均衡发展。从而进一步体现融合发展的本质要求。

总之，数字城市融合发展以数据为核心，整合多个系统和领域，实现城市的智能化、绿色化和开放化，为公众提供更加高效、便捷、安全的服务。推进城市和市民的积极互动，从而推动城市的可持续发展。

三、新定位

1. 创新驱动。数字化、智能化是当前社会发展的主要方向，数字城市应当定位为创新驱动的发展模式，注重技术和应用的创新。

2. 以人民为中心。数字城市的目的是服务于市民，提高其生活质量。因此，应当始终坚持以人民为中心的发展思想，共同建设数字友好型城市。

3. 资源优化。数字城市的核心资源是数据，通过数据采集、分析和应用，可以精确地了解城市资源的需求和供给。通过优化资源配置，在提高资源利用效率的同时，实现资源综合效益最大化。

4. 安全稳定。数字城市的发展不能忽视数据安全和网络安全，应当建立完善的安全机制，为城市居民提供更加安全稳定的环境。

5. 全域覆盖。数字城市的建设不应仅仅局限于中心城区，还要延伸到乡村，实现城乡融合发展，减少城乡差距，实现更广范围、更深层次的融合发展。

数字城市融合发展是综合性、多层次发展模式，需要政府、企业、公众的共同参与和努力，以实现城市的可持续发展、公民的幸福生活和社会的和谐稳定。

四、新要求

数字城市是通过数字技术来实现城市管理、服务和发展的一个理念。在这个背景下，数字城市融合发展不仅仅是技术的融合，更是行业、部门、领域之间的融合。为此，数字城市融合发展要更加注重在融合上创新，在发展上发力。

1. 无缝整合。 在数字城市的框架中，各个系统、应用和数据源需要无缝整合。这要求各个部门、领域之间能够打破数据孤岛，实现数据的流通和共享。

2. 跨部门协同。 为了实现城市的智能管理和服务，需要各个部门之间高度协同，形成合力。这不仅仅是技术层面的协同，更是业务流程和决策机制的协同。

3. 发展新业态、新模式。 数字技术为城市带来了新的业态和商业模式，如共享经济、数字金融等。这些新业态、新模式需要与传统业态融合，实现传统与现代、线上与线下的有机结合。

4. 强化数字化创新。 数字城市为科研人员提供了一个广阔的研究平台。通过大数据分析，科研人员可以深入挖掘数据背后的规律，从而为城市发展提供有力的技术支持。同时，数字技术为创新提供了更大的探索空间，数字思维激发无限的灵感，共同推动数字城市融合创新深入发展。

5. 持续学习和适应。数字技术和应用的快速演变要求城市能够持续学习和适应新的变化，确保融合发展有不竭的动力，始终保持应有的活力。

总之，数字城市对融合发展提出多方面要求，这需要城市不仅注重在技术层面实现融合，更需要在组织结构、管理机制、业务流程等多个层面实现真正的融合。一方面，用数字技术为市民提供更好的服务；另一方面，要加强多个利益相关方的密切合作，始终以市民的需求为中心。

五、融合发展的现实意义

1. 推动城市经济结构转型升级。随着数字技术的不断渗透，传统的农业、制造业等行业得到了技术性的提升。同时，新的经济形态，如数字服务业、高技术制造业等，开始广泛应用，促使城市经济结构从劳动密集型转向技术和知识密集型。这要求城市适应新变化，实现新发展。

2. 提高宏观经济管理能力。数字技术为政府提供了实时、准确的数据支持，使其能够更快捷、敏锐地迎接经济领域的挑战，从而实现更为科学的宏观调控。这同时要求城市管理者要提高数字化能力和水平，实现更科学精准的管理。

3. 推进全球经济一体化。数字经济打破了传统的国界限制，使得商品、资本、信息和技术在全球范围内流动，推动经济实现国内国际双循环。这加强了国与国之间的经济互联互通，加速了全球经济一体化的进程。

4. 助推经济增长。数字经济为传统产业提供了新的发展机会，同时催生了大量新的商业模式和产业，使其能够更快速、更灵活地响应市场需求，为宏观经济增长提供了强大的动力。

5. 增强经济韧性与稳定性。数字化可以帮助经济体更好地应对外部冲击，如远程工作和数字交易在新冠疫情期间帮助很多企业和经济体维持运转。

6. 优化资源配置效率。在数字经济条件下，市场信息传递更为流畅和透明，这有助于资源在经济体中更加高效和科学地配置。例如，智能交通系统可以预测交通流量，从而优化交通布局；智能供电系统可以实时监控用电情况，从而节约能源。这种数据驱动的决策确保了资源得到最优化的配置，从而推动城市经济融合发展。

7. 加速绿色经济转型。数字技术的应用，如大数据、云计算、物联网等，为环境监测、资源管理提供了新的解决方案，有助于推动经济的绿色、低碳转型。

8. 推动社会进步与文明转型。数字城市融合发展带动了社会公共服务的智慧化、高效化，加速了教育、文化、健康等领域的现代化进程。

因此，从宏观层面看，数字城市融合发展对经济健康、持续、高质量发展具有至关重要的意义。它是一个国家竞争力的重要体现，也是未来全球经济发展的重要方向。

第二节　主题和路径："五位一体"实现融合发展

数字城市融合发展要明确主题，选准路径，这样才能方向明确、路线正确。其核心主题就是《数字中国建设整体规划布局》提出的，推进数字技术与经济、政治、文化、社会、生态文明建设"五位一体"深度融合。主要内容概括如下。

一、"五位一体"整体规划布局要点

1. 继续做大做强数字经济。推动数字技术和实体经济深度融合，加快数字技术创新应用，促进数字赋能实体产业数字化转型，促进新兴产业如云计算、大数据、AI 等为经济增长提供新动能。

主要核心内容包括：利用数字技术推动经济结构优化升级，培育数字产业，促进传统产业数字化、网络化、智能化。通过数字技术，实现制造业的智能化、自动化和柔性化。加强数字基础设施建设，推动 5G、物联网、人工智能等前沿技术的应用，培育数字经济新业态、新模式，如电子商务、云计算、大数据等加快发展。

2. 加强数字政务建设，促进高效协同。强化数字化能力

建设，促进信息系统网络互联互通、数据按需共享、业务高效协同、线上线下融合。数字技术提供了公众参与政策制定和决策的平台和工具，为政府部门通过数字技术提供在线服务，为提高公共服务效率创造了条件。

其目标就是要构建数字政府，利用数字技术促进政务公开、全程透明，增强政府效能，推进社会治理现代化。其具体举措包括：推动政务数据资源整合、共享；建设政务服务平台，提供一站式在线服务；加强网络舆情监测和分析，及时回应民众关切等。

3. 以自信繁荣加强数字文化建设。大力发展网络文化，建设国家文化大数据体系，形成中华文化数据库，提升数字文化服务能力。促进数字技术与文化的深度融合。通过数字媒体和平台使得文化内容更容易传播和分享。

主要内容包括：利用数字技术传播文化，保护文化遗产，培育现代文化产业，加强文化交流和对话。具体措施包括：建设数字化博物馆、图书馆；推广网络文化、影视、音乐等数字内容；加强网络文化管理和引导，培育健康网络文化生态。

4. 加强数字社会建设，促进数字技术与社会深度融合。促进数字公共服务普惠化，推进数字社会治理精准化，深入实施数字乡村发展行动，普及数字生活智能化。

主要内容包括：利用数字技术提高社会管理和服务水平，增强社会的和谐、安全、公平、正义。在主要措施方面，包括推动医疗、教育、就业、养老等领域的数字化改革。发展在线教育，通过数字技术，教育资源得到了更好的共享和传播。建设数字健康平台、远程医疗等为人们提供了更便捷的医疗服务。加强公共安全和应急管理的数字化建设。利用大数据等技术进行精准扶贫、精准救助。适应人们的社交活动逐渐转移到数字平台上的趋势，加快建设社交网络，更好满足新的社交模式的需要。

5. 建设数字生态文明，促进数字技术与生态文明深度融合。 推动生态环境智慧治理，加快数字化绿色化协同转型，倡导绿色智慧生活方式。一是智能环保。通过传感器和数据分析，对环境进行实时监控和预警。二是资源优化。数字技术帮助人们更高效地利用和管理资源，减少浪费。三是绿色出行。通过数字技术推广电动汽车、共享单车等绿色出行方式。

主要内容包括：利用数字技术加强生态环境保护，推进绿色发展，构建和谐的人与自然关系。在措施上，建设环境监测、预警、管理的数字化平台；推广绿色、智能的交通、能源、建筑等技术和应用；加强数字化技术在生态修复、生物多样性保护等领域的应用。

"五位一体"深度融合标志着数字城市不仅仅是技术的应用，更是城市发展的一种新模式。数字技术为城市的各个方面带来了变革的机会，也为城市的可持续发展提供了目标和方向。

二、主要路径

数字城市融合发展是城市发展的新趋势，它倡导传统城市与现代数字技术的紧密结合，以此推动城市管理、服务和发展进入一个新境界。其融合发展的主要路径包括这几个方面。

1. 加强数字基础设施建设。确保全城覆盖、高速、稳定的网络接入；构建大数据处理和存储中心和物联网设施，如传感器、摄像头、智能终端等，用于数据采集和传输。

2. 推进数据资源整合。重点加强数字合作，推进部门之间、行业之间的数据整合与共享。推进数据标准化，制定统一的数据采集、存储、传输和使用标准。推进将开放数据平台提供给公众和企业，以支持多方创新和应用。

3. 加快智能化应用推广。一是智慧交通。如智能红绿灯、智能停车、公交智能调度等。二是智慧医疗。如远程医疗、智能预约、电子健康档案等。三是智慧能源。如智能电表、智能家居、智慧照明等。

4. 全社会通力合作。一是政府引导、企业参与。政府提供政策和资金支持，企业进行技术和服务创新。二是推行PPP模式（公私伙伴关系模式）。公私伙伴关系模式将政府和私营企业资源结合起来推动数字城市建设。

5. 加强生态系统建设。加快培育数字产业，支持数字技术、解决方案和服务的企业成长。推进创新孵化，建设数字创新中心、孵化器，培育数字创新项目和企业。加快人才培养，加强数字技术和应用的教育和培训。

6. 民众参与和服务中心化。建设智慧社区，鼓励社区居民参与数字城市建设。推行服务个性化，即根据个人需要和喜好提供个性化的数字服务。同时，设立服务平台，促进形成服务中心化模式。

7. 持续更新与创新。随着科技的进步，数字城市应该持续进行技术更新和应用创新，以保持竞争力。

通过上述路径，可以有效促进数字城市实现各个方面的深度融合，为市民提供更高效、便捷、智能的服务，同时也为城市的可持续发展奠定基础。

三、加强数字生态建设

数字生态是融合发展的重要保障，因为融合发展涉及不同行业、领域和技术的交叉、整合和协同，只有形成良好的数字生态，才能顺利实现融合发展目标。

1. 更好发挥数字基础设施的支持作用。数字基础设施是数字生态建设的物质基础，这些基础设施的建设和普及，使得信息能够快速、低成本地传输，为各个行业提供了与全球同步的信息流通能力，也促进了各行业之间的交互与合作，为融合发展创造了条件。所以，推动数字城市融合发展，首要的是发挥好数字基础设施的支持作用。

2. 数字技术催生新的商业模式和产业形态。数据驱动的定制化生产、供应链优化和精准营销等新模式，为企业带来了更高的效率和更好的客户体验。这些数字技术不仅助力传统产业升级，也孕育出了互联网平台、数字支付、数字健康、在线教育等新产业，加速了经济融合发展的进程。

3. 数字化助力政府治理能力提升。 数字技术对于公共服务、城市管理和应急响应等领域具有重要的应用价值。通过数字化手段，政府能够更加精准地了解民众的需求，提供更高效和便捷的服务，进一步推动政府和市民之间的互动与融合。

4. 数字文化培育数字时代的价值观。 在数字时代，信息传播的速度和广度都得到了前所未有的提高。加强数字文化建设，可以培育出适应数字化环境的思维方式和行为习惯，进而促进技术、产业和文化的融合发展。

5. 数字素养和技能是人才融合的基石。 数字素养和技能已经成为数字化人才的基本要求。企业、学校和社会都需要在数字教育和培训上进行更多的投入，以培养适应融合发展需求的高素质人才。

6. 促进数字生态建设的国际合作。 数字技术跨越了地域界限，为各国之间的合作提供了更多的可能性。数字生态建设能够为国际合作提供更加便捷的通道，促进更广泛的融合发展。

数字生态建设不仅是推动融合发展的技术手段，更是一种战略选择。面对数字时代的机遇和挑战，我们需要加强数字生态的建设，为融合发展创造更好的条件，推动经济社会向更高水平、更高质量的方向发展。

第三节　发展重点：妥善处理若干重大关系

当前，数字城市融合发展要在"三个融合"上重点发力，着力实现"数实融合""数社融合""数绿融合"新突破，全面提高融合发展水平，同时，要处理好若干重大关系。

一、重点方向之一："数实融合"

随着全球数字经济的蓬勃发展，数字技术与实体经济的融合已经成为推动经济高质量发展的关键。这种深度融合通常被称为"数实融合"。

《"十四五"数字经济发展规划》明确提出，"十四五"时期要以数字技术与实体经济深度融合为主线，赋能传统产业转型升级。党的二十大报告从战略全局的高度强调"促进数字经济和实体经济深度融合"，进一步深化了"数实融合"的内涵。

数字经济既是深度融合的结果，也是持续融合的过程。通过"数实融合"，不仅会强化数字赋能效果，也能够加快产业转型升级，从而在更高水平上加快数字化发展。

为此，必须加大推进"数实融合"的力度，扩大数字技术与实体经济深度融合的广度和深度，持续加强数字技术在产业领域的全面渗透，推动传统产业优化升级；要整体战略规划布局，着眼于发展现代化经济体系，促进数字经济和实体经济深度融合，更好发挥其在现代化经济体系建设中的"支点"作用。《2022 中国数字经济发展研究报告》显示，数字经济全行业平均渗透率由 24.7% 提升至 38.3%，反映各类城市"数实融合"进一步走深走实。

　　第一，通过"数实融合"弱化产业分工的负效应。在全球产业分工体系中，发达国家和发展中国家遵循不同产业发展路径。发达国家利用产业先发优势，加快产业链供应链外移，导致产业空心化和结构轻型化，实体经济占比相对降低，发展数字经济的结构性掣肘因素比较少。在主要发达国家数字经济占其 GDP 比重在 65% 以上。而发展中国家通过承接产业链供应链转移，产业结构重型化明显，实体经济比重相对较高，由此形成发展数字经济的结构性约束。数字经济占 GDP 比重基本在 40% 左右，而且还存在着数字经济质量差异。所以，我国发展数字经济必须基于产业现实基础，着力推动"数实融合"，把数字经济领先优势和实体经济规模优势叠加放大，创造经济发展新优势，拓宽发展新路径。

　　第二，发展数字经济既要防止脱实向虚，即有国外学者讲的经济"去物质化"；也要防止实体经济低水平循环，与数字经济各行其道。既不能以数字经济挤压实体经济发展空间，也不能简单维持实体经济发展现状。通过数字赋能实体产业，深化融合发展，推动数字原生企业向新型实体企业加速转化，打造"数实融合"领先发展新范式。要通过"数实融合"重塑产业结构、消融产业边界，创造发展机制，再造发展新形态，发展现代化产业体系。所以，要把握技术进步的趋势，加快技术融合发展的进程，把技术创新力转化为经济成长力，推动实体经济提质增效，实现高质量发展。

一是明确"数实融合"的着力点。"数实融合"不是"数字经济＋实体经济"，而是内生的融合，主要体现在体系化重构、机制化转型、生态化重组、效率化提升。为此，要准确把握"数实融合"的着力点，在"深度融合"上持续发力。

二是把握"数字融合"的关键点。以赋能传统产业升级为重点，利用"5G＋工业互联网"推动实现全产业链优化升级，加快推动建设现代化产业体系。《2023—2028 年中国工业互联网行业专项调研及投资前景调查研究分析报告》显示，2023 年我国工业互联网产业增加值总体规模达到 4.69 万亿元，占 GDP 比重达到 3.72%；2024 年将达到 4.95 万亿元。

例如，制造业是工业互联网应用赋能的主阵地，其在生产环节的管控普及程度已达 45.5%，从根本上提高了制造业质量、效率和企业竞争力。

第三，加快"数实融合"战略布局。

强化目标引领：全面提升数字技术、数字经济和实体经济融合的广度和深度。"十四五"期间，数字经济核心产业增加值占地区生产总值比重要快速提升，数字经济增加值年均增速保持在合理水平。

强化基础设施支撑：全面推进新型基础设施建设，建立完善高速、安全、泛在的新一代信息基础设施；构建布局合理、云网协同、绿色节能的算力基础设施，以及高可靠、广覆盖、全连接、可定制的工业互联网基础设施。

强化数字技术创新：在人工智能、区块链、高性能计算、未来网络等领域的关键技术上实现新突破，形成一批核心产品，加快建设数字科技创新载体。

强化数字经济能级：进一步优化数字经济结构，推进数字化、智能化深入发展，建设一批智能工厂、数字化车间。

强化区域协同联动：重塑产业体系优势，再造区域体系功能，建立区域数字化共同体，推动区域产业协同发展。

第四，把握"数实融合"的几个关系。

一是把握技术增量与产业存量的关系。不能把"数实融合"简单理解成为以增量替代存量，更不能理解为规模淘汰过程。"数实融合"是通过数字技术向产业领域不断渗透，持续提升产业能力的过程。没有技术赋能产业水平无法提升，而没有产业支撑技术赋能就无的放矢。特别是对于传统产业领域而言，"数实融合"要准确把握技术增量和产业存量的关系，把促进产业优化升级放在更加突出的位置。

二是把握短期目标和长期目标的关系。不能只顾当前，不顾长远，只追求眼前的"轰动效应"，不考虑长期战略利益。"数实融合"既要考虑短期效应，又要兼顾长期利益，着眼于产业体系发展和竞争力提升进行战略布局。

三是把握定性目标和量化指标的关系。"数实融合"不能笼而统之，大而化之，要有明确的目标定位，这样才能充分发挥目标引领作用；还要确定可量化指标，这样才能成为一种约束，才能把目标变为现实；要加大量化指标考核力度，使产业数字化转型真正落到实处。

四是把握同一性和差异性的关系。"数实融合"具有趋同发展特征，资源往往向优势区域和热点领域集中，形成集聚发展态势，放大成为规模效应和极化效应。后发地区在短期内很难形成这样的趋同环境和集聚效果，其发展的"数字落差"和数字化差异性比较明显。因此，"数实融合"要考虑不同地区和产业的特点，采取差异性的政策措施，提供一些有针对性的办法。例如，在重点老工业城市，产业优势虽然明显，但数字生态差距较大，"数实融合"的条件具有明显的差异性。应当在遵循同一性的同时，采取特殊的有针对性的政策。加大鼓励创新、强化激励的力度，提高对数字企业的吸引力。

二、重点方向之二："数社融合"

近年来，我国数字经济加快发展，2022 年数字经济增加值超过 50 万亿元，占 GDP 比重超过 40%。预计 2025 年规模将超过 60 万亿。《"十四五"数字经济发展规划》明确到 2025 年迈向全面扩展期，2035 年迈向繁荣成熟期。

与之相比，数字社会建设存在一定"落差"，数字化赋能经济社会各方面还存在不平衡不充分的问题；数字化推动跨领域、多主体协同创新合力不足；数字社会建设的"碎片化"现象比较明显。

为此，要在继续做强做优做大数字经济的同时，深入推进社会数字化发展。利用我国全球规模最大、技术领先的网络基础设施优势，以及人工智能、云计算、大数据、区块链、量子信息等新兴技术创新优势，引导数字技术向社会领域渗透，不断提高经济社会协同数字化水平。提高数字中国建设的整体性、系统性、协同性。

随着数字技术的快速发展，数字社会融合形成了一个新的趋势。这种融合不仅仅是技术上的交融，更是文化、生活和工作方式的整合，推动了社会的全面数字化转型。

1. "数社融合"的内涵。"数社融合"指的是数字经济与数字社会在技术、文化、习惯和规范上的交融与整合，从而形成一个高度数字化、网络化、智能化的社会环境。

2. "数社融合"的必然性。技术推动：云计算、大数据、人工智能等技术的发展，使得信息无处不在，为"数社融合"创造了条件。经济驱动：数字经济为社会带来了新的商业模式、就业机会和增长动力。需求拉动：现代社会越来越倾向于便捷、个性化、智能化的生活方式，数字技术恰好满足了这些需求。

3. "数社融合"的体现。 首先是智慧城市。城市管理、交通、医疗、教育等领域的数字化，使城市变得更加智能和高效。其次是数字生活。从购物、餐饮到娱乐、教育，数字技术已经渗透到日常生活的每一个角落。再次是数字工作。远程办公、在线协作、数字化管理等，为现代职场带来了革命性的变化。最后是数字治理。政府采用数字技术提高公共服务效率，实现透明化、智能化的管理。

4. "数社融合"的挑战。 数社融合并不是一个简单的过程，面临诸多挑战。首先是数字鸿沟现象，这是融合的第一障碍。不同群体、地区在数字技术应用和受益上存在差距，若得不到应有的重视，起点的差异将会拉大发展的差距。其次是数据安全和隐私。这是融合的主要难点之一，因为这个问题是被我们长期忽略的问题。随着大量的数据交换和利用带来了数据泄露和隐私侵犯的风险。如果不能正确处理，将会直接影响融合发展。最后是社会伦理和文化冲突。数字技术可能改变传统的价值观和生活方式，带来文化和伦理上的挑战，这是我们需要认真面对的全新问题。

5. 推动"数社融合"的策略。 一要加强技术普及与教育。通过教育和培训，提高公众的数字技术认知和应用能力。二要强化数据治理。建立完善的数据管理和监管体系，确保数据的安全和合规使用。三要加强政策引导与支持。出台鼓励数字技术应用和创新的政策，为"数社融合"提供政策环境。四要推进跨界合作。鼓励数字技术与其他社会领域的跨界合作，实现资源和技术的共享与交融。

6."数社融合"的未来展望。随着数字技术的进一步发展和应用，"数社融合"逐渐走向深入，未来的社会将更加数字化、网络化、智能化，为人们带来更加便捷、高效、个性化的生活和工作体验。这将推动"数社融合"向更深层次、更宽领域发展。这要求把数字技术深度融入社会发展，以数字化驱动生产生活和治理方式变革。通过发展数字文化、数字政务、"互联网＋社会服务"，催生数字应用新场景，拓展融合发展新路径。例如在数字健康领域，社会关联面宽，产业领域广阔，有很多新增长点。随着健康需求爆发式增长，健康数字化将成为"数社融合"的新亮点。

三、重点方向之三："数绿融合"

"数绿融合"即数字化与绿色化的协同发展，标志着数字技术在推进绿色发展和可持续发展中发挥的重要作用。推动数字化绿色化协同转型，是工业化向数字化转型日渐凸显的问题，也是全球共同面对的重大课题，是关乎可持续发展的大趋势。"双转型"既紧密结合又同步推进，共同推动经济社会深层变革。

1."数绿融合"的背景。"数绿融合"的背景是指利用数字技术推进绿色发展，将数字化与环保、能源节约、资源循环等绿色化方向相结合，实现经济、社会和环境的可持续发展。

为什么要提出"数绿融合"？一方面，这是一个不能回避的重大社会问题；另一方面，这里面存在一个误区，有观点误认为数字化就是绿色化。事实上，数字化并不等于绿色化，数字化也面临绿色化改造。数据显示，目前信息通信技术消耗了全球5%～9%的用电量，同时产生约3%的温室气体排放。因此，必须推动绿色化、数字化"双转型"，推动"数绿融合"发展，才能形成叠加效应，既能够实现数绿双赢，也能够拓展产业新形态。

2. "数绿融合"是时代文明的重大命题。工业文明奉行竞争最大化，追求经济规模扩张，加快经济发展的同时，也带来一系列环境问题。数字文明坚持协同最优化，以共生协同为核心要义，不仅人类命运与共，人与自然也要和谐共生。

不仅发展中国家，发达国家也同样面临这一问题。我国正处在转型发展的关键阶段，既面临经济社会全面数字化转型，并且转型速度正在加快，也面临绿色化转型的紧约束，碳达峰、碳中和目标的倒逼机制，使得绿色化转型时不我待。

3. 数字化与绿色化转型含义。数字化转型就是用数字技术对企业生产流程进行系统化改造，以建立一个富有活力的数字化商业模式。

绿色化转型主要是指在生产和消费模式方面的根本性转变，使人类社会的发展轨迹和地球环境的自然规律重新合轨，包括倡导气候友好的生活方式、维持生物多样性及重视环境成本等可持续发展方式。

4. 数字化绿色化协同转型的关系。第一，数字技术可以在实现气候中和、减少污染和恢复生物多样性等方面发挥关键作用。据中国信息通信研究院预测，数字化降碳贡献度将达到12%～22%。同时，通过精确测量及自动化操作，机器人和物联网等技术，可以有效提高资源的利用效率并增强生产网络的灵活性。数字产品护照则可增强材料和组件端到端的可溯性，增强数据的获取程度，有助于建立可行的循环商业模式。数字技术还可以监督、报告和验证温室气体的排放，进而实现碳定价。除此之外，数字孪生技术还可以在促进创新和设计方面提供可持续性更高的模拟操作流程，量子计算则让极端繁杂的模拟功能步入现实。

第二，向绿色化转型也赋予数字行业巨大的协同效应。可再生能源、核能和核聚变等新能源技术，在数字领域能源需求不断增加背景下，都将发挥更加突出的作用。到2030年，欧盟通过制定旨在实现碳中和及提升数据中心和云基础设施能源消耗效率的一系列政策，将支持实现包括大数据分析、区块链和物联网等在内的数据技术全面绿色化。

5. "数绿融合"的主要领域。一是智慧能源。通过数字技术提高能源利用效率，推广清洁能源，如智能电网和分布式能源系统。二是智慧交通。利用数字技术提高交通效率，减少碳排放，如自动驾驶、共享出行等。三是智慧农业。应用数字技术进行精准农业，提高资源利用效率，减少化肥和农药使用。四是数字环保。采用数字技术监测、管理和改善环境，如空气质量监测、污染物排放控制等。

6. "数绿融合"的战略价值。一是提高资源效率。数字技术可以实现资源的精准管理和调配。二是降低环境影响。数字技术有助于实时监控和预测环境风险，及时采取应对措施。三是推动绿色创新。结合数字技术，产生新的绿色产品、服务和解决方案。四是加强环境治理。数字技术为环境治理提供了更加精准和高效的手段。

总之，"数绿融合"是数字经济发展的新方向，反映了人类对未来可持续发展的期望和追求。面对全球环境挑战，我们应该充分利用数字技术的力量，推进数字化与绿色化的协同发展，为构建美好、和谐、可持续的未来努力。

四、数字城市融合发展的几个关系

随着技术进步和数字化转型，数字经济已经成为全球经济发展的核心驱动力。它正在与各个领域发生深度融合，为经济带来无数创新和机遇。

1. 数字技术与行业应用的关系。从技术驱动作用看，技术如区块链、人工智能、大数据、云计算等为各行业提供了高效、灵活和智能的解决方案。例如，区块链技术在金融、供应链、知识产权等领域具有广泛的应用前景。

从行业需求的反馈看，不同的行业有不同的数字化需求，这反过来又促使技术不断创新以满足这些需求。

从与传统经济的关系看，数字化提升传统产业。数字技术可以提高传统产业的生产效率，降低成本，提供更好的客户体验。例如，智能制造技术可以提高工厂的生产效率和产品质量。

从传统经济的功能看，主要体现在传统经济仍然为数字经济提供了关键的基础，如基础设施、人才和市场。

2. 数字创新与经济发展的关系。从创新驱动经济增长看，数字技术是当今世界经济增长的关键动力。新的数字商业模式、服务和产品为经济增长提供了新的动能。

从经济发展促进创新看，经济增长为创新提供了资源和市场。当经济繁荣时，投资于创新的意愿和能力也会增强。

3. 数字平台与生态系统的关系。一是促进平台经济的崛起。像亚马逊、阿里巴巴、腾讯这样的数字平台公司正在重塑全球经济。它们为用户、开发者和商家提供了一个共同的平台，创造了巨大的经济价值。二是实现生态系统的构建。数字平台鼓励生态系统内的多方互动和合作。例如，应用商店（App Store）和谷歌应用商店（Google Play）为开发者提供了一个发布应用的平台，促进了大量的创新应用的产生。

4. 数字文化与社会进步的关系。一是文化变革。数字化正在改变我们的工作方式、学习方式和娱乐方式，形成一种新的数字文化。这种文化鼓励开放、合作、创新和共享。二是社会进步。数字文化有助于提高社会的透明度、参与度和公平性，促进社会进步。

总之，数字经济与多个领域和方面存在深度融合的关系，这些关系为经济带来了无数的机遇，但也带来新的挑战。我们必须深入理解这些关系，积极应对挑战，充分发挥数字经济的潜力，为未来的经济社会发展创造更多的机会。

第四节　融合实践：多方发力实现全面融合

在工业文明和产业革命的发展进程中，城市成为人类经济社会生产生活的主要空间承载。伴随着数字文明的兴起，城市又成为科技创新与数字技术广泛应用和深入转化的前沿阵地。然而，工业时代的城市发展产生了一系列问题，如交通拥堵、环境污染、资源短缺等，城市可持续发展面临挑战。数字技术的创新发展和广泛应用为城市转型和高质量、可持续发展提供基础，数字城市成为数字技术在城市综合应用中的产物，为破解城市问题、引领城市创新发展带来新的机遇。

数字城市的兴起不仅改变了城市的面貌和结构形态，也为城市政府部门间的融合、城乡融合、物理空间和数字空间的融合，以及全球城市融合发展提供了新的发展范式和前所未有的发展空间。以空间信息为核心形成城市信息系统，通过数字技术的应用，实现城市政府部门间、城乡间等高效连接与融合，使城市的整体效率与韧性得以提升，促进城市的可持续发展。

一、部门融合

政府部门作为数字城市的管理者，部门间的融合发展是数字城市融合发展的重要组成部分。各部门之间通过数字技术将数据标准化、集成化及公开化，然后将各自的数据集成到一个平台上，可以实现数据互通和共享，提高政府的决策效率和服务水平。

具体来看，在经济调节方面，各个部门可以强化大数据监测分析，汇聚金融、财政、税务、统计、商务、海关等经济调控部门的数据，实现经济数据的全链条管理，加强经济数据整合，构建全面的经济治理基础数据库与大数据中心，提高调节经济的能力。在数据共享的基础上，利用数据进行决策，运用大数据等数字技术进行市场研判、形势分析、政策模拟等宏观经济监测，可以强化经济趋势研判，提高经济调节科学性、及时性及预见性，为防范化解系统性风险赋能。例如，部门间可以通过数据共享，构建全面的经济治理基础数据库，强化经济趋势的分析研判，提高政策治理及经济调节的科学性、及时性。

在市场监管方面，各市场监管部门充分运用数字技术推进技术融合、业务融合、数据融合，推动市场监管信息资源的开放共享和系统的协同应用，构建全方位、多层次的监管体系及跨部门、跨业务的监管机制。各部门通过监管数据与行政执法数据的归集共享，建成市场监管大数据中心，以数字化手段进一步完善市场监管和服务的机制，提高监管的精准化、协同化、智能化水平，实现全链条、全领域监管，维护公平竞争的市场秩序。例如，市场监管部门与大数据分析部门的融合，利用大数据分析来监测市场活动，可以更快速地识别虚假广告、违法行为等。这有助于维护市场秩序，保护消费者权益。

在政务服务方面，各部门通过推动公共服务标准化规范化，构建全国一体化政务服务体系及地方政务云平台建设，有助于加速政务数据在不同业务、部门、系统之间的流通互认共享，持续优化政务服务与公共服务，促进数字化公共产品供给及政府运行效能的整体跃升。通过持续优化完善一体化政务服务平台功能，促进民政、社保、医疗、教育、就业等公共事项的一体化服务，精简服务流程，做实"一网通办""跨部通办""就近可办"的服务内涵，满足群众多层次、多元化的服务需求，增强为民服务的可及性。例如，"一网通办"平台将政府服务整合到一个数字平台上，市民可以通过一个窗口完成多个政务事项，提升了政府效能，为市民提供了更便捷的服务。

在环境保护方面，各部门通过共享自然资源、国土空间和自然地理格局等基础信息，依托大数据技术和生态环境综合管理信息化平台，建立一体化生态环境感知体，强化对水土资源、自然生态、气候变化等数据资源的智能综合利用，实现自然资源开发利用、国土空间规划实施、海洋资源保护利用、水资源管理调配的协同治理。此外，各部门通过数据共享融合，建立规范统一的碳排放智能监测机制及碳排放统计核算体系，推动形成节约共享、高效循环的绿色低碳发展新格局，实现生态效益与经济效益的双赢，助力碳达峰、碳中和目标的实现。例如，通过整合卫生部门、交通部门和环保部门的数据，可以更好地监测和应对环境污染对公共健康的影响，更好地管理和应对空气污染及碳排放问题。这种融合可以帮助及早发现健康风险，采取相应的防护措施。

在政府决策和社会管理方面，不同的部门通过依托各部门建设的数字平台，建设智慧融合的指挥调度平台与一体化政务云平台体系，最大限度地实现不同层级政府部门间的无缝对接与充分沟通，打造立体化公共安全保障体系及社会应急管理体系。通过协调政府部门间的关系，推进公共事务合作，提高政府决策、社会治理等领域的数字化治理能力；在自然灾害的预警防控、突发公共事件的处理中形成高效协同、上下一体的应急管理和指挥能力。例如，紧急响应部门与智能城市管理中心的融合，将紧急响应部门的信息整合到智能城市管理中心，可以更快速地响应突发事件。这有助于提高城市的安全性和紧急事件的处理效率。

政府部门融合是数字城市发展的基石之一。传统上，政府部门各自为政，信息孤岛造成资源浪费和效率低下。而在数字城市中，政府部门可以通过数字化手段实现信息共享、协同作战。整体来说，政府部门之间的融合将为数字城市的建设提供更大的协同效益，从而提高决策效率和公共服务质量。

二、城乡融合

传统的城乡二元结构导致资源分配不均，数字城市的发展为农村地区带来了更多的发展机会。在数字城市中，农村和城市之间可以在多个方面进行融合，涵盖了贸易、教育、医疗、文旅等多个领域。通过农村和城市的融合，可以实现资源共享、互惠互利，促进资源的优化配置、人口的平衡流动、生态的共同建设，为城乡高质量发展提供新的路径和模式，推动城乡一体化发展。

数字城市推动城乡贸易融通。5G、互联网、大数据、云计算、移动支付等新型数字基础设施的出现，打通了城乡贸易互联互通的基础，为城乡贸易融通发展创造了广阔的空间。通过建立综合性的电子商务平台，帮助农村地区接入城市的电子商务平台，为农村农产品提供线上销售渠道，实现农村产品的销售、市场拓展及农村居民和城市消费者之间的互通，推动农村和城市电子商务融合发展。在数字城市中，农村居民通过将农产品标识数字化建立信任机制，完善农产品信息溯源、质量认证等，使城市消费者更愿意购买农产品；利用社交媒体等数字渠道，进行农产品数字营销，吸引更多城市消费者的关注。通过在城乡之间建立高效的物流与配送网络，让农产品能够及时送达城市。农村和城市之间通过电子商务融合发展，不仅打开了农产品的市场销路，提高了农村产业效率，扩大了农民收入来源，也为城市消费者提供更多的购买选择和便利，有效推动了城乡经济的互补和协同发展。

　　数字城市促进城乡金融融合发展，提高金融服务普惠化程度。移动支付、数字贷款等数字金融的发展为农村提供了更加便捷的金融服务，加快了农村金融数字化发展步伐，提高了金融发展的普惠性、包容性和便利性，降低了金融服务的不平等。例如，在原有农村信用社的基础上，借助数字技术优化农村信用体系，建立综合性的数字金融平台，记录农村居民的信用信息，便于提供更多的金融产品和服务，将城市的金融机构和农村的金融需求连接起来，实现金融资源的共享，提高农村居民获贷率，完善农村金融支持。通过金融科技创新，借助区块链、人工智能等，开发符合农村金融需求的创新产品和服务，如小额信贷、互联网保险等，提高金融产品的普适性和可获得性。城乡数字金融的融合可以有效打破农村金融服务壁垒，提高金融服务的覆盖范围，为农村居民提供更多便利的金融选择，促进农村经济发展和可持续繁荣。

数字城市加速城乡教育资源共享。在线课程、远程培训等数字化教育形式快速发展，将城市优质教育资源分享给农村，加速了城乡教育资源的共享，提高了农村地区的教育水平和城乡教育的均衡发展。通过在线教育平台开展远程教学，使城市的优秀教师给农村学生进行远程授课，实现实时互动教学，并通过提供视频课程、在线培训等，使农村学生能够接触到城市优质的教育资源。通过建立数字化图书馆和资源库，使城市学校的教材、课件、学习资料等在线共享给农村学校和学生使用。利用虚拟实验室技术，让农村学生也能进行实验教学，提高农村科学教育质量。这些数字化教学新形式，使农村和城市之间实现了教育资源的互补和共享，缩小了城乡教育差距，为农村学生提供更多更好的教育机会，促进人才培养和社会协调发展。中国的"互联网＋教育"计划正在通过在线教育将城市的优质教育资源送往农村学校，推动教育均衡发展。

数字城市带动城乡旅游融合发展。数字技术和数字化文旅的发展为农村旅游资源的价值发现和文旅发展也带来了前所未有的机遇。创建数字化的旅游平台，包括网站、移动应用程序和社交媒体账户等，与城市旅行社、在线旅游平台合作，可以将农村旅游资源纳入城市的推广渠道，增加曝光度，更好展示农村的旅游场景、景点、文化和各种民俗活动。利用虚拟现实（VR）和增强现实（AR）技术，为城市居民提供在数字平台上的虚拟旅游体验，激发其深度旅游的兴趣和消费潜力。扩大数字渠道营销，利用社交媒体、搜索引擎营销等方式，将农村旅游资源宣传到城市。数字化发展为农村旅游赋能，数字技术使农村旅游资源在城市得到更好的推广，使更多城市居民体验到农村美景和文化，促进了城乡旅游业融合发展。

数字城市推动城乡医疗资源共享。城市医疗资源丰富，而农村医疗资源匮乏，如何改善医疗资源分布不均、提高农村医疗水平，一直是困扰各国政府的难题。数字技术的广泛应用和数字化发展为解决上述问题提供了有效方式。远程医疗和在线健康咨询等数字化医疗方式将城市医疗资源、专业知识与农村连接，可以有效推动农村与城市的医疗资源共享，助推农村地区医疗服务水平的提高。利用数字技术建立在线专家会诊平台，通过视频会议和互联网技术，让农村医生与城市专家进行远程会诊，为农村居民提供远程诊断和咨询，使其获得更专业的建议。通过建立电子病历系统，实现电子病历共享，使城市医院和农村诊所共享患者的病历信息，便于医生提供更准确的诊断和治疗。利用数字技术优化药品配送和供应链，确保农村医疗机构能够及时获得必要的药品和医疗器械。上述方式实现了农村与城市之间医疗资源的互通和共享，不仅可以提高农村医疗服务水平，也会极大地促进健康医疗产业的发展。

综上，城市与农村的融合核心是借助数字技术实现信息共享，将数字技术广泛应用于城市和农村的各种生产生活场景，使农村居民可以享受到城市中的优质医疗、教育、金融等服务，实现资源的互补和优化，提高农村地区的发展水平和居民的生活质量，实现城乡一体化的可持续发展。

三、空间融合

互联网、物联网、大数据、人工智能等网络技术和数字技术的融合应用，为人类构造了平行于物理世界的虚拟化数字空间。当构造于网络形态上的数字空间与城市物理空间叠加时，大大拓展了人类对城市和空间的认识边界，也极大地丰富了人类利用空间、管理城市、提高城市运行效率、增进城市生活品质的方式和途径。物理世界利用传感器数据塑造数字世界，数字世界通过传感器对物理世界进行改造，实现了物理空间与数字空间的实时双向同步映射及虚实交互，造就了数字城市这一新型城市形态。综合运用物联网、大数据和人工智能等技术，城市物理空间与数字空间融合发展，通过智能交通系统，实时监测和优化交通流量，通过智能家居，提高城市居民生活的便利性和舒适性。数字城市在物理空间和数字空间的融合中发展、演变、进阶。

（一）智慧城市

智慧城市是将物联网运用到数字城市形成的产物，其以大数据、云计算、物联网等新一代信息技术为支撑，推动城市运行系统的互联，实现城市智慧感知、智慧反应、智慧管理的能力，从而使城市居民生活更美好、城市发展更具活力。

在城市治理领域，数字孪生技术的应用，实现城市实体空间和虚拟空间的联动。通过海量的传感器对城市中数以亿计的数据进行采集和测量，并利用数字高清地图技术，在虚拟空间中构建该城市的高精度数字孪生体，其中涵盖基础设施、人口土地、城市建筑、城市交通、天气变化、市政资源、地理环境等要素，并能进行推演，从而实现可视化的城市实时状态和智能化的城市运作管理。传统的城市治理是以实体空间和实体人群为主体，数字技术促进传统的实体空间扩展到数字空间之中，数字空间中信息的有序和实体空间的治理是相辅相成的，能够有效提高城市规划质量，改善城市管理水平。同时，数字孪生城市产生更为丰富的信息，使城市的海量数据转变成为财富，进而创新出大量的智慧城市应用。"实体空间＋数字空间"是城市经济新的发展基础，也是城市治理的数字体系，是真正意义上造福于民的智慧城市。

（二）智能交通系统

智能交通系统（intelligent traffic system，简称ITS）是将数据通信技术、传感器技术、人工智能等技术综合运用于交通运输管理体系，建立起的大范围、全方位发挥作用的，实时且高效的综合运输和管理系统。

2020年8月，广州市黄埔区与百度Apollo合作开启了面向自动驾驶与车路协同的智慧交通新基建项目，在黄埔区的

6 条主干道实施了动态绿波的控制策略，实现道路平均行程时间下降 25%，平均遇红灯停车次数下降 75%。百度为保定市打造的"保定 AI 智慧交管大脑"，在四条主干道上应用动态干线协调控制，实现道路行程时间平均缩短约 20%，车速平均提高约 6.5 千米/时，百度还在保定市建设了一个特色场景：智能可变车道。在此场景下，车道的切换是完全依靠百度的信控优化系统实现的，让车道的方向与车辆的需求更匹配，更及时地解决左转和直行排队长度不均的问题。

2021 年，百度中标京雄高速河北段。在建设过程中，基于"全栈闭环、主动交互"的车路云图高速数字底座，融合大数据、人工智能车路协同等关键能力，协助其打造"一屏观全域、一网智全程"的智慧高速样板。京雄高速全线通过整合智慧专用摄像机、能见度检测仪、路面状态检测器、边缘计算设备等新型智能设备，设置了 3700 余根智慧灯杆，依托北斗高精度定位和车路通信系统等，为车主提供车路通信、合流区预警和高精度导航等服务。

(三) 土地数字空间

在物联网、卫星遥感、建筑信息建模（BIM）、地理信息系统（GIS）、城市信息建模（CIM）、大数据、云计算、人工智能、区块链等新兴数字技术的支持下，可以对土地自身、土地上的建筑物和设备等物理空间的数据进行采集和整合，形成"城市一张图""农村一张图""园区一张图""建筑一张图"等，基于这些数据构成多种多样的土地数字空间映射。在这些土地数字空间中，蕴含着数据要素开发的巨大机会，通过激活数字空间中的市场需求能够创造出丰富多彩的数字经济新业态、新模式，如数字 CBD（中央商务区，central business district）、直播农田、数字化车间、数字城市治理等。

土地要素与数据要素融合，会在原有的土地基础上，衍生出大量新的市场空间，创造大量土地要素的数字经营模式。以房地产企业为例。传统土地要素开发模式中，房地产商的基本定位是提供房屋这个物理产品，房子一旦卖出交到住户手里，只要房子质量和购房交易不存在问题，房地产商就基本终止了与住户的联系，是一种商品买卖型的交易。而在数字经济形态下，房地产商可以转化角色，成为房地产项目的数字空间运营商。通过将整个社区物理空间作数字化映射、智能化服务，房地产商可以更全面、深入地了解和发掘住户的数字需求，并为之提供更多的产品和服务；反之，住户也可以充分利用小区的数字空间，把自己的装修方案、创意美食、生活直播等通过房地产商搭建起的平台进行分享。推而广之，如果房地产商拥有多个楼盘、多栋物业，那么就可以构建起更为庞大的数字社区运营服务平台，创造数字空间中更多的运营模式。

（四）智慧建筑

实体建筑与建筑信息模型（BIM）、物联网、云计算、大数据、人工智能等技术结合形成智慧建筑，实现建筑的数字化、智能化和服务化，具体能带来至少以下三点好处。

一是能够满足客户的个性化需求。随着客户需求和业务需求的不断发展，要求未来的空间适应不同的场景。AR、VR、MR（混合现实）、人工智能和物联网等数字技术正以多种方式转变居家和办公空间，建筑产业通过数字化赋能能够使建筑空间更具适应性和灵活性，更好地满足客户需求。

二是能打通供应链上下游企业，实现信息协同和产业效率的升级。例如，通过数字化技术打通供应链，建筑业可以显著减少在物料和人工上的浪费，大幅提高管理效能，还能提高施工的安全性。

三是可以通过数字孪生，创新建筑业的商业模式，重组建筑业的价值链。传统建筑业的价值兑现主要体现在建筑物物理空间的出租和出售上，而数字技术的应用让传统的实体建筑也有了数字孪生体。通过建筑信息模型（BIM）等数字模型技术，一栋建筑可以为客户提供更为全面的空间数字信息，同时还可以提供建筑物内的环境等各种相关信息。在这些信息的基础上，建筑业的商业模式将会发生颠覆式的创新，价值链也将发生根本性的重组，建筑业价值将更多地体现在对建筑物的物理和数字空间的持续使用上。

（五）智能家居

智能家居是以住宅为平台，利用物联网、AI、网络通信技术、自动控制技术等将家居生活有关的设施集成，实现智能家电控制、家庭医疗监护、智能影音、智能灯光控制等，从而为用户提供兼具便利性、舒适性、艺术性，并且环保节能的居住环境。

智能家电控制主要基于物联网的远程监控，实现远程控制电饭锅煮饭、提前烧好洗澡水、提前开启空调调整室内温度等对设备进行智能控制。智能灯光可创造任意环境氛围和灯光开关场景，包括家庭影院的放映灯光、浪漫晚宴灯光等。智能家居能够控制室内影音设备，根据具体的生活场景，自由转换影音配合效果，再结合虚拟现实技术，让用户畅游网络信息世界。

智能家居还能实现家庭的远程医疗和监护。以卫生间为例，智能马桶垫圈上安装有智能血压计，马桶池还配有血糖检测装置，当人坐在马桶上智能血压计便能检测血压并记录，方便后能截流尿样并测出血糖值，用户在家中即可以将测量的血压、血糖值等数据传输给医疗保健专家，降低了医疗保健成本。

（六）智能制造

制造业与数字化平台结合形成智能制造。在制造领域，数字孪生的应用贯穿产品的设计、生产、运营等全生命周期。在研发设计环节，可以利用虚拟模型进行仿真实验测试、验证产品在不同外部环境下的性能和表现，从而提高设计的准确性和可靠性，大幅降低研发和试错成本；在生产环节，工作人员能线上充分掌握生产线的实时状态，从而进行运维管理、优化生产参数、生产调度预判等。

智能制造具备三大特征。一是由机器人代替人力进行高精尖的运转。二是整个车间可以自动地对生产、物流等环节进行思考和决策。三是跟整个市场密切联系。以芯片制造企业为例，在流水线中运行的芯片不是批量生产，而是每一个盘片所对应的芯片有不同要求，在输入指令后实现个性化生产。

除了帮助传统制造业提升效率，数字孪生也不断创新制造业的资本运营、供应链管理、客户服务等模式，为制造业拓展了大量的价值空间。传统制造业以生产加工各种工业品为主，做的是实体空间的实体产品，工厂形成了孪生的数字工厂，产品形成了孪生的数字产品，服务形成了孪生的数字服务，使得整个工厂企业从传统制造转向个性化定制，实现生产过程柔性化、个性化，同时提高运营效率，加快库存周转。

四、人技融合

随着智能设备和服务的普及，人们的生活越来越多地依赖于数字技术。这在改变人们的生活方式的同时，也提出了新的挑战，如数据安全和隐私保护。

（一）数字消费

数字消费是因产品和服务的数字内涵而发生的消费。与工业时代的消费不同，人们已经不只满足于实体商品的消费，而更多地关注数字技术和基于数据的数字服务类的消费。数字消费出现以下几方面变化。

一是消费过程从一次性到持续性的转变。产品的数字化创新提高了产品与客户交互的频次和黏度，从而形成了持续性服务模式。以互联网电视为例，客户不再只是一次性购买电视，而是为联网的各种 VIP 服务持续性付费。

二是从个体消费到社群消费。工业时代的消费模式以单一个体为单位，而在数字经济时代，人们之间具备了更广泛而紧密的数据连接，组成网络社群。

三是金融与科技紧密结合催生了新的支付方式。移动支付的出现让居民拥有了较发达的数字生活，数亿居民足不出户，仅凭手机就可以实现在线缴纳水电煤气费、交通罚款，办理社保、公积金查询等数十项便捷服务。此外，金融配套服务也得到了发展，互联网消费信贷大大降低了资金成本、减少了信息不对称性。

（二）数字化工作方式

数字时代，各种在线协同软件带来了数字化工作方式。尤其在新冠疫情防控期间，很多公司开始使用钉钉、企业微信和飞书等在线协同软件，加速了数字化工作方式时代的到来。

在数字经济时代，数字空间的劳动者可以是数据分析师、程序员、算法工程师、虚拟产品设计师等。他们运用新生产工具，不断激活数据要素的潜在价值，满足人类日益增长的数字消费需要，创造实体和数字两个空间的人类财富。

年轻人的择业观也在发生变化，习惯于在实体和数字两个空间中生活，数字空间正在为年轻人提供更多的就业机会，也成为最吸引年轻人的就业领域，如主播、写手等。

（三）数字医疗

数字医疗是利用电子设备、计算机软件、（移动）互联网等技术的综合应用，使整个医疗过程数字化、信息化，其中包括医院诊疗流程的信息化，还有区域医疗协同、医保管理的信息化、公共卫生防疫等。

从患者的角度看，数字医疗能够跨越时空，简化就医流程、降低就医费用、改善就医体验。电子健康卡、医保电子凭证、腾讯医典，连接个人与公立医院、疫苗接种等公共卫生服务，助力打通一系列就医环节，为个人用户提供线上线下一体化的服务平台。从医生的角度看，数字医疗让患者病历、健康档案数据化，提高了疾病诊断、患者管理的效率。从医疗机构的角度看，数字医疗有助于促进管理精细化，提升服务水平。数字医疗为实现优质医疗资源共享、降低高就医成本提供了可行方案。

（四）数字娱乐

数字娱乐产业是使用数字技术，将声音、文字、形象等进行有机融合，从而为大众提供精神享受的文化创意产业，其中涵盖网络游戏、网络文学、数字音乐、数字电视电影、数字出版物等多种娱乐产品。

第49次《中国互联网络发展状况统计报告》显示，我国网民规模超过 10 亿人，8.88 亿人看短视频、6.38 亿人看直播。平板电脑、手机等移动新媒体端的丰富发展，不仅弥补了电视屏幕无法移动的短板，还填补了电视媒体互动性差的体验，满足了人们随时随地的社交需求，帮助人们在当下的快节奏、高压力下进行情感宣泄。但在互联网时代，泛娱乐化的问题也更加严重，所导致的严肃话语丧失、理性人格消弭都应该引起警惕。

（五）数据安全和隐私保护

随着大数据、人工智能等技术融入生活，人们获得了技术进步的红利，也面临着前所未有的个人信息泄露风险。近年来，泄露个人信息的范围不断扩大，包括从姓名、职业、通信记录等传统信息到人脸、指纹、声纹、个人上网痕迹等数据，导致相关信息保护工作难度加大。部分平台企业形成绝对垄断后，采用"大数据杀熟"、滥用人脸识别技术、过度挖掘和滥用个人数据、数据泄露、数据非法转售等手段，独占用户个人敏感数据并侵害个人隐私权。在此背景下，如何平衡个人信息权益保护与合理使用信息的关系，成为必须直面的现实课题。

首先，要确保各种认证技术和方法的准确性、安全性。近几年，网上许多认证由于安全性差而遭到黑客轻易攻击，造成隐私泄露；虹膜识别和指纹识别等生物识别因能被仿造而很难进行监管，这些技术和方法都亟须改进。其次，数据所有权、使用权的界定要以保护隐私权为前提。消费者在网络平台购物、浏览时，留下的有关个人信息（如手机号、身份证号、邮箱、消费偏好等）原始记录的数据应该归消费者自己所有。例如，个人在微软浏览器上的浏览记录，自己是可以直接删除的，网络平台不得私自保存。网络平台对个人留下的数据只有使用权，如今日头条可以根据个人的浏览记录来推送个人感兴趣的新闻和信息。与之相关，网络平台在行使其掌握的个人信息使用权时，不能借助该信息优势进行任何可能侵害所有权人利益的不当操作，如搞"大数据杀熟"、利用数据优势进行价格歧视等。如果网络平台对个人信息进行脱敏后形成了新的数据集，这个数据是加工后的信息，在不以任何形式侵犯个人隐私权的前提下，网络平台可以拥有脱敏后个人信息的所有权。根据自身经营需要，网络平台可以出售此类数据，如可以被用作各种市场研究，研究某个产品可能的市场需求率、客户群体的分类等。

五、国际融合

数字技术使城市可以更容易地与全球的市场、人才和资源连接，推动城市的全球化融合。例如，通过云计算和区块链，可以实现全球的数据共享和交易；通过在线教育和远程工作，可以吸引全球的人才和创新。

（一）全球市场的拓展

数字技术促进了城市与全球市场的紧密联系。通过电子商务、数字支付等方式，城市企业能够将产品和服务推向全球市场，实现全球市场的拓展。同时，城市也能够从全球市场中获取优质的资源和产品，推动城市产业发展和提升市民生活水平。

首先，通过电子商务平台，城市企业可以直接将产品和服务推向全球市场，不再受限于地域和物理店铺的局限。数字技术的普及使得消费者可以随时随地通过互联网购买城市企业的产品，大大扩展了城市企业的潜在市场。如亚马逊、阿里巴巴、京东等，将其产品销售到全球市场，扩大了业务范围和市场份额。其次，数字支付的普及也极大地促进了城市与全球市场的连接。传统的货币支付方式存在物理传输和转换成本的问题，而数字支付则可以实现即时、便捷的全球支付，消除了传统支付方式所带来的地域限制。如 PayPal、Stripe 等跨境支付工具让城市企业轻松与全球客户进行跨境交易，降低了支付的复杂性和成本。这使得城市企业的交易更加快捷和高效，进一步推动了全球市场的融合。

除了城市企业的全球拓展，城市也能够从全球市场中获取优质的资源和产品，促进城市产业发展和提升市民生活水平。通过数字技术，城市可以直接从全球市场采购原材料、技术和设备，提升产业竞争力和创新能力。同时，城市居民也能够通过互联网购买全球市场上的优质产品，丰富和改善自己的生活。

总的来说，数字技术的应用推动了城市与全球市场的更紧密联系。通过数字化的方式，城市企业可以实现全球市场的拓展，城市也能够从全球市场中获得优质资源，促进产业发展和提升市民生活水平。这种紧密联系不仅推动了城市经济的发展，也为城市居民提供了更多的选择和便利。

（二）吸引全球人才和创新

数字技术的普及和在线教育、远程工作的广泛应用，打破了传统的时间和空间限制，使得人们可以在不同地域进行教育学习、工作合作，城市可以跨越国界吸引全球人才和创新。通过在线教育，人们可以远程学习，不再需要实际居住在某个地方才能获得优质教育。如 Coursera、edX 和 Udacity 等在线教育平台为全球学生提供了接受高质量教育的机会。一名印度的工程师可以通过 Coursera 的在线课程学习硅谷的最新技术，从而提高其在全球市场上的就业竞争力。同样，远程工作使得人们不再局限于办公室，可以在不同地域实现工作合作，这使得城市能够吸引到全球范围内的创新和创业资源。全球知名科技巨头之一谷歌早在 2021 年就推出一款名为"Work Location Tool"的软件，并宣布让该公司 20% 的员工进入永久远程办公状态的计划。

因此，通过在线教育和远程工作的广泛应用，城市可以打破传统的时间和空间限制。这种趋势为城市的创新与发展提供了新的机遇和动力，同时也为个人提供了更多选择和灵活性，可以在不同地域追求教育和职业发展。

（三）全球数据共享和交易

通过云计算和区块链等数字技术，城市可以实现全球范围内的数据共享与交易。这使得城市能够更加高效地获取全球市场动态、人口趋势、消费者偏好等信息，进而有针对性地制定发展政策、引导市场发展。同时，全球数据共享也为企业、创新者和市民提供了更多的合作与交流机会。

一方面，云计算技术的应用使得城市能够更高效地获取全球多方面信息。云计算是基于互联网的一种计算方式，它能够将大量的计算和存储任务分布在多个服务器上，从而提高计算效率和资源利用率。因此，城市可以利用云计算平台来收集和整合全球各地的数据，包括市场趋势、人口统计、消费行为等，从而更好地了解全球市场的动态变化，并根据这些数据制定发展政策和引导市场发展。例如，城市可以利用云计算和数据来分析全球市场中的广告趋势和用户行为，以更好地定位目标受众，提供有针对性的广告服务。

另一方面，区块链技术的出现也为城市的数据共享与交易带来了更加安全和透明的方式。区块链是一种去中心化的分布式账本技术，通过将数据存储于多个节点，并使用密码学算法实现数据的安全传输和防篡改。借助区块链技术，城市可以建立一个去中心化的数据交易平台，使得数据所有者可以安全地共享自己的数据，并通过智能合约实现数据交易的自动化和可追溯性。这样一来，城市不仅能够更加方便地获取全球数据资源，还能够保障数据的安全性和可信度，为企业、创新者和市民提供更多的合作与交流机会。例如，在全球性公共卫生危机中，城市可以利用云计算和区块链技术来共享医疗数据。2020年新冠疫情期间，各国城市通过云计算平台共享病例数据、疫苗分发信息和治疗方案，以更好地理解病毒传播趋势和采取协同行动。

通过全球数据共享与交易，城市可以更好地把握市场机遇，制定更加精准的发展政策，促进市场的繁荣和创新的发展。同时，全球数据共享也为企业、创新者和市民提供了更多的机会。企业可以借助全球数据资源，更好地研发创新产品和服务，进一步拓展市场；创新者可以通过全球数据共享，获得更多的灵感与合作机会，从而推动技术创新和产业升级；市民也可以通过全球数据共享，享受更加便捷和个性化的生活服务，提高生活质量。

（四）跨国合作与共赢

数字城市的全球化融合推动了跨国间的合作与共赢。数字城市全球化融合使得各国能够更加紧密地合作，共同应对全球性挑战，如气候变化、能源紧缺和环境污染等。通过数字技术的应用，城市可以共同研究解决方案，并共享最佳实践，以提高可持续发展的效果。例如，全球气候城市数据库（CDP Cities）是一个在线平台，允许城市共享碳排放数据、气候行动计划和绿色政策。这种数据共享有助于城市之间的经验交流，共同应对气候变化挑战。

数字城市的全球化融合促进了全球经济的繁荣与共同发展。通过"数字丝绸之路"，跨国合作得以加强，各国城市可以更加高效地开展贸易、投资和创新合作。数字技术的应用使得跨国企业和城市能够更好地互联互通，共同推动产业升级和经济增长。

数字城市的全球化融合也推动了人员流动和文化交流。通过数字技术的支持，人们可以更加便捷地旅行、工作和学习。这促进了不同国家和城市之间的人员交往和文化交流，增进了相互间的了解与友谊。例如，2020 年 OCP 全球峰会正式举行，来自不同国家的城市领袖们可以线上参与峰会，更加便利地进行文化交流。

综上，数字城市的全球化融合为跨国合作与共赢提供了新的机遇和平台，推动了城市的发展和全球经济的繁荣。同时，它也促进了全球社会和可持续发展的进程，为全球各方带来了更多机遇与福祉。

第五节　耦合效应：数字化和新型城镇化互促

当前，应抓住数字中国战略和新型城镇化战略深入推进的历史机遇，积极应对数字城镇化面临的问题和挑战，加强理论研究和实践探索，寻找数字城镇化优化发展路径。将数字技术广泛应用于新型城镇化建设中，创新数字技术和数字经济与新型城镇化建设的融合机制，进一步放大数字化对城镇化的赋能作用，最大限度释放数字化和城镇化耦合效应。

一、推动数字技术与生产生活生态广泛深度融合

优化升级城市数字基础设施。加快建设信息网络基础设施。按照适度超前原则,深入推进 5G 网络、千兆光网规模化部署和应用,推动移动物联网全面发展。推进云网协同和算网融合发展。统筹布局绿色智能的算力基础设施,推动东西部算力高效互补和协同联动,加快构建算力、算法、数据、应用资源协同的全国一体化大数据中心体系。建设智能高效的融合基础设施,提升基础设施网络化、智能化、服务化、协同化水平。打造智慧服务平台,实现碎片化资源有效聚合,提高城市发展的承载能力。加大数字技术向实体经济的渗透力度,促进数字经济和实体经济深度融合。将数字技术、生产、生活、生态广泛深度融合,以数字技术优化生产、生活、生态空间布局和功能,推动传统产业数字化转型升级,打造生活的"数字空间",建设绿色生态城市和城镇,推动生产、生活、生态"三生"加速融合。

二、深化城市数据资源体系建设

深入推进城市数据资源体系建设,利用数据资源推动研发、生产、流通、服务、消费全价值链协同。建设政务数据共享交换平台,推动政务数据跨层级、跨地域、跨部门有序共享。建立健全国家公共数据资源体系,构建统一的国家公共数据开放平台和开发利用端口,提升公共数据开放水平。

加强数据基础制度和标准体系建设。加快制定数字技术标准，针对相关市场失灵环节或领域，提升监管体制和体系的适应性，以良法善治推动数字经济规范健康持续发展。深入推进数据要素市场化配置，有序开展数据确权、定价、交易，探索建立与数据要素价值和贡献相适应的收入分配机制，激发市场主体创新活力。加快构建数据要素市场规则，建设数据交易平台，培育市场主体，完善治理体系，促进数据要素市场化流通。规范数据交易平台运行，规范数据交易市场主体行为，推动数据交易规范健康发展。探索数据资产定价机制，逐步完善数据定价体系。建立健全数据资产评估、登记结算、交易撮合、争议仲裁等市场运营体系，提升数据交易效率。深入实施创新驱动发展战略，加大数字技术研发力度，注重颠覆性技术研发。建立健全数据要素开发利用机制，大力发展专业化、个性化数据服务，促进数据、技术、场景深度融合。打破数字城镇建设区域发展不均衡的局面，尽快补齐欠发达地区城镇化数字建设短板。推动数字技术与经济、政治、文化、社会、生态文明建设的全方位、系统化融合。

三、提高数字治理体系和治理能力现代化水平

快速发展的数字技术给数字经济治理带来了诸多复杂严峻挑战，如不及时和有效应对，数字经济高质量发展则无从实现。这些挑战不仅需要政府部门在政策层面作出快速回

应，更需要立法部门在法律层面作出及时回应。社会主义市场经济本质上是法治经济，数字经济的发展不能离开法治轨道。有效应对复杂严峻的数字经济治理形势，离不开系统、完善的数字经济法律规范体系。习近平总书记指出，要完善数字经济治理体系，健全法律法规和政策制度，完善体制机制，提高我国数字经济治理体系和治理能力现代化水平。①加快建设和完善我国数字经济法律规范体系是数字经济治理的基础工程。

近年来，我国与数字经济相关的法律规范不断出台，数字经济法律规范体系的内容不断充实，数字经济立法在维护网络安全、保护个人信息安全、保护知识产权、维护市场秩序、保护消费者权益等方面发挥了重要作用。同时也应看到，我国当前数字经济法律规范体系建设存在许多短板和弱项，不适应数字经济治理现代化要求。一是国家层面的数字经济专门立法缺失。二是数字经济立法发展不平衡。三是数字经济立法不能及时回应新形势新问题。四是对数字政府建设的立法支撑和保障有待加强。五是数字经济创新做法、经验和模式有待立法鼓励。必须加快数字经济法律规范体系建设，弥补这些短板和弱项。

其一，完善数字经济立法顶层设计。组织和动员政府各个部门、企业、高校、专业智库、研究机构、行业协会的力

---

① 习近平：《不断做强做优做大我国数字经济》，《求是》2022 年第 2 期。

量，广泛深入调查研究，科学严密论证，全国人大尽快制定以数字经济全领域为服务、治理对象的专门法律，形成以全国人大数字经济顶层立法为核心，以网络安全法、数据安全法、个人信息保护法、电子商务法、电子签名法、知识产权保护法等为支撑，国务院条例、部门规章和地方法规为补充的中国特色数字经济法律规范体系。

其二，推动数字经济立法平衡发展。除了制定数字经济全领域专门法律之外，加快推进全国人大及其常委会在数字经济重要领域的立法，提高数字经济重要领域的法律效力等级，消除该领域法律适用上的矛盾和冲突。经济欠发达地区积极借鉴相对发达地区的数字经济立法经验，增强发展前瞻性，利用后发优势，抓紧补上数字经济立法短板。加快数字经济重要细分领域立法，系统梳理、总结和评估大数据、云计算、物联网、区块链、人工智能、网络安全、数据安全、政府数据开放等领域已有的政策文件和行业规范，将实践中行之有效的规范性文件及时通过法定程序上升为法律规范，注重提高立法精准度和法律实效性。建立政府数据、公共数据、商业数据和个人数据分类保护的法律制度，构建完整的数据安全保护法律规范体系。

其三，及时回应数字经济发展中出现的新情况新问题。加快培养数字经济立法人才，建设数字经济立法领域专业智库，为数字经济立法提供智力支持。建立健全数字经济领域的涉外法律规范体系，提升我国在数字贸易、数据资产流动等领域的国际竞争力和话语权。建立数字经济法律法规实施效果评估体系，根据评估结果及时修改和废止不适应新形势的法律法规，提出新的立法建议。加强立法数字化技术研究，推进立法数字化建设，增强法律规范的动态关联更新能力，推动法律规范之间的协调和衔接，消除法律规范之间的矛盾和冲突，提高法律规范查阅和使用效率。

其四，以数字经济立法推动数字政府和法治政府深度融合。以法律来保障和推动政府数字化治理、服务能力建设，使政府更好发挥在规范市场、鼓励创新、保护消费者权益方面的作用。加强对政府基于大数据、人工智能、区块链等新技术的统计监测和行政决策的立法规范，防止政府对公民个人信息安全的侵害。探索建立适应平台经济特点的法律监管机制，推动线上线下监管有效衔接，强化对平台经营者及其行为的监管，同时防止政府行政权力对企业正常市场行为和合法经营活动的随意干涉。

其五，通过立法鼓励和支持数字经济创新发展。将支持数字经济创新发展作为国家顶层立法设计和地方立法设计的基本精神和基本原则，从立法上鼓励各地区、各行业践行新发展理念，在推进数字产业化、产业数字化、数字经济实体经济融合发展实践中推出新技术、新业态、新模式，消除数字经济创新发展障碍，培育数字经济发展新动能。在不触碰社会主义市场经济秩序及国家和社会安全底线、红线的前提下，对数字经济领域创新活动给予更多的立法宽容和激励。

四、打造互联互通、各具特色的新型城镇化发展格局

《中共中央 国务院关于建立健全城乡融合发展体制机制和政策体系的意见》指出了城乡融合发展路径：推动城乡基本公共服务普惠共享，推动城乡基础设施一体化发展，推动乡村经济多元化发展，推动农民收入持续增长。以数字化赋能城乡融合发展，就是要为上述路径进行数字化赋能，打造数字城乡融合发展格局。

其一，以数字化推动城乡要素自由流动与合理配置。一是以数字化赋能乡村人才发展。开展信息化和数字经济人才下乡活动。依托互联网技术为农民提供在线培训服务，培养新型职业农民队伍。搭建社会人才投身乡村建设信息平台，引导和支持各类人才通过各种方式服务乡村振兴事业。二是以数字化赋能新型农业经营主体和服务主体发展。培育一批信息化程度较高的生产经营组织和社会化服务组织，促进现代农业发展。鼓励工商资本到农村投资适合产业化、规模化经营的农业项目，为项目提供数字化解决方案。建立数字技术支撑的新型经营主体支持政策体系和信用评价体系。三是以数字化手段激活农村要素资源。因地制宜发展数字农业、智慧旅游业、智慧产业园区，促进农业农村信息社会化服务体系建设，以信息流带动资金流、技术流、人才流、物资流，推动各类现代生产要素向乡村聚集。四是以数字化技术创新农村普惠金融服务。以数字化推进农村信用体系建设，

建立健全农村信用信息共享机制。规范发展数字普惠金融综合服务平台，利用数字技术改善农村普惠金融服务。在数字普惠金融方面，应该以政府统筹为导向，使得数字普惠金融更深入到城镇化水平较低的农村，降低农村小微群体创业的难度，从而达到缩小城乡差距的目的。

其二，以数字化推动城乡基本公共服务普惠共享。一是以数字化推动乡村教育发展。推进"互联网＋教育"，推动城市优质教育资源与乡村中小学对接，增加农村优质教育资源供给。推进教育新型基础设施建设，完善农村地区学校和教学点网络及卫星电视教学环境，不断扩大优质教育资源覆盖面。二是以数字化加强农村医疗卫生服务。加快推进"互联网＋医疗健康"，提高乡镇和村级医疗机构提高信息化水平，加强跨区域跨机构医疗健康信息互通共享，引导医疗机构向农村医疗卫生机构提供远程医疗、远程教学、远程培训等服务，推动优质医疗资源下沉和均衡布局。三是以数字化加强农村就业和社会保障服务。充分发挥就业信息平台作用，为脱贫人口、农民工、乡村青年等群体提供就业信息服务。加强返乡农民工就业情况大数据监测分析。推进全面覆盖乡村的社会保障、社会救助系统建设，推动更多人力资源和社会保障服务事项在基层就近办、线上办。四是以数字化推动乡村文化繁荣发展。加强农村网络文化阵地建设和网络文明建设，加强乡村网络文化引导。推进乡村优秀文化资源数字化，开展重要农业文化遗产网络展览，大力宣传中华优秀农耕文化。推进智慧图书馆和数字公共文化建设，提高农村地区全民阅读、全民艺术普及数字化服务水平。五是以数字化推进乡村治理能力现代化。发挥数字技术精准快捷优势，整合基层党建、村民自治、社会保障、民政服务，构建智慧治理平台，推动政府、市场、社会协同共治。推动"互联网＋社区"向农村延伸，提高村级综合服务信息化水平，健全城乡社区治理体系，增强农村数字化社会综合治理能力。

其三，以数字化推动城乡基础设施一体化发展。一是加快乡村信息基础设施建设。大幅提升乡村网络设施水平，加快补齐乡村网络基础设施短板。加强基础设施共建共享，加快农村宽带通信网、移动互联网、数字电视网和新一代互联网发展。全面实施信息进村入户工程，构建为农综合信息服务平台。加快推动农村地区基础设施的数字化、智能化转型，推进智慧水利、智慧交通、智能电网、智慧农业建设。二是推进涉农数据资源共享与利用。依托国家数据共享交换平台体系，推进各部门涉农政务信息资源共享开放、有效整合。统筹整合乡村已有信息服务站点资源，推广一站多用，避免重复建设。加快完善农业农村大数据平台建设，提升农业农村大数据平台数据算力，构建全国农业农村大数据体系。依托全国基层政权建设和社区治理信息系统，统筹推动基层治理数据资源归集融合和开放共享。

其四，以数字化推动乡村经济多元化发展。一是推进农业数字化转型升级。加快推广云计算、大数据、物联网、人工智能在农业生产经营管理中的运用，推动新一代信息技术与农业生产、经营深度融合，推动生产、分配、交换、消费等环节数字化建设。推进重要农产品全产业链大数据建设，推动农业农村基础数据整合共享。加强食品农产品认证全过程信息追溯，通过数字技术实现对特色农产品的可信溯源。二是加强粮食全产业链数字化建设。加快数字技术与粮食产购储销全产业链的深度融合，推动粮食全产业链数字化升级。加强粮食收储库点信息化建设，完善粮食购销监管信息化网络，建立全链条、全过程数字化监管系统。健全国家粮食交易平台功能，运用大数据等技术优化调整粮食产品供给结构。三是发展农村电子商务和数字物流。实施"互联网＋"农产品出村进城工程，发展多种形式的农产品互联网营销渠道，推动农村物流业和农产品供应链体系数字化发展。培养新型农村电商人才，发展农村电商新基建，畅通快递进村路径，完善农村寄递物流体系。深入推进县域商业建设，引导商贸、快递、物流、互联网企业下沉农村，推动农村商业网点设施进行数字化、连锁化、标准化建设改造。推动人工智能、大数据赋能农村实体店，促进线上线下渠道融合发展。四是以数字化培育乡村新业态新模式。推动互联网与特色农业深度融合，发展创意农业、认养农业、观光农业、休闲农业、健康养生、创意民宿等新业态新产业，规范有序发展乡村共享经济。发展农村在线旅游模式，加大对全国乡村旅游重点村镇和乡村旅游精品线路的宣传推广。

其五，以数字化推动农民收入持续增长。一是做好防止返贫数字化监测和帮扶。依托全国防止返贫监测信息系统，对有返贫致贫风险和严重困难的农户持续开展动态监测和帮扶。继续加大对脱贫地区网络基础设施升级改造支持力度，推动网络扶贫行动向纵深发展。强化对产业和就业扶持，充分运用大数据平台开展对脱贫人员的跟踪及分析，巩固和提升网络扶贫成效。二是以数字化赋予脱贫地区内生发展动力。大力实施消费帮扶，支持脱贫地区探索数字经济背景下的消费帮扶新业态新模式，提升脱贫地区农副产品网络销售平台运营水平，多措并举扩大脱贫地区农产品销售规模。鼓励中央企业积极参与脱贫地区数字乡村项目开发，引导民营企业积极参与数字乡村建设，开辟脱贫地区群众增收新渠道。

第七章

数字城市测度评价

第一节　数字城市测度的理论基础

一、数字城市测度的意义

数字时代，数字技术的广泛应用改变了我们的生活方式，也在改变城市的运行方式，数字城市已然成为未来发展的主要趋势。近年来，移动互联网、大数据、人工智能等数字技术迅猛发展，深度融入城市发展的各个领域，城市与科技的关系呈现出互为需求、互为支撑、螺旋式上升的演进关系。一方面，城市在进入更高发展阶段过程中面临的任务、难题和挑战日趋复杂多元化，数字科技的进步给破解城市发展难题提供了技术支持，从多维度推动城市向高质量发展阶段迈进；另一方面，数字技术的发展也需要城市作为"孵化器"和数据迭代的"实验场"，城市作为数字技术最大的应用场景，成为新兴产业和创新活动的主要集聚地。

数字技术与城市经济社会发展深度融合，促动城市发展模式和存在形态不断演化，城市竞争也越发激烈。从全球竞争格局和演变趋势来看，未来国家之间的竞争将主要通过各国打造的主要城市群和都市圈之间的竞争来开展，城市的竞争力水平将直接决定国家的综合竞争力水平。因此，准确把握数字城市的新特征、新规律、新趋势，科学谋划数字城市建设的实践路径，建设以人为中心的新型数字城市已成为数字时代全球各个城市发展的新方向。

在新一轮区域发展和城市竞争中，国内外城市无不加速推进数字城市建设战略布局，抢占发展先机。但数字城市建设是一项新生事物，理论和实践都在探索和发展之中，很多问题理论上缺乏统一深刻的认识，实践摸索中也是困惑重重。因此，研究数字城市指标体系、科学测度和评价数字城市发展就变得十分重要，其意义在于：第一，界定概念、统一范畴。分析数字城市的理论基础和逻辑脉络，以理论研究为基础，从应然角度提出数字城市发展的理论道路，从而审视城市发展实践中的优势与不足，为未来数字城市发展指明方向，为数字城市建设提供实践路径参考。第二，构建框架、建立标准。通过构建多维度的数字化发展量化指标体系，选择具有代表性和前沿性的指标，强化数字城市评价的客观性和结论的可参考性，为科学评估数字城市建设的现状和进展提供科学依据和数据支撑。第三，指导实践、引领方向。通过测算数字城市指数，揭示各大城市数字化建设的优势和不足，为先驱城市推广成功经验提供支持，为落后城市总结自身不足，为寻找缩小数字城市建设差距提供改进方向。

二、数字城市测度研究综述

目前，国内外对于数字城市测度的专门研究较少，但对数字经济发展的测度研究很多，这为数字城市测度提供了研究基础和参考借鉴。国外研究机构和组织主要基于国家层面对数字经济发展水平进行研究，其中，1995 年联合国国际电信联盟（ITU）构建的 ICT 发展指数从 ICT 接入、ICT 使用和 ICT 技能三个方面对 176 个经济体信息通信技术进行测度评价。ICT 对经济相关的内容测量较少，但是对信息通信技术相关领域的基础设施建设、产业应用、人力资本情况都有全面的衡量。经济合作与发展组织（OECD）在 2018 年公布了数字经济的分类方案，从投资智能化基础设施、赋权社会、创新能力和 ICT 促进经济增长与增加就业岗位构建了一个覆盖具有国际可比性的多维度的数字经济框架，但并未选取固定的样本国家，也未对样本国家数字经济发展进行对比和评价。同年 3 月，美国商务部经济分析局（BEA）采用了"窄口径"的视角将数字经济划分为数字赋能基础设施、电子商务和数字媒体三类，对美国数字经济增加值和总产出等规模进行测算研究。2019 年欧盟发布的数字经济和社会指数（DESI），从宽带接入、劳动力投入、互联网应用、企业数字化转型和数字公共服务五方面评价欧盟成员国数字经济发展。DESI 将数字经济对社会发展的影响涵盖在内，是欧盟成员国数字经济发展水平的重要工具与窗口。

与国外相比，近年来，国内研究机构、官方统计机构和学术界在研究省域和区域层面的基础上，对全球和全国部分城市数字经济指数测度已经开展了一系列系统研究。自 2015 年起，腾讯研究院联合京东、滴滴等机构，从基础、产业、创新创业、智慧民生四个方面构建"互联网＋"数字经济指数，反映我国351个城市的数字经济发展水平。"互联网＋"数字经济指数充分考虑了时代环境的改变、数据特性的要求，但样本数据大多为企业数据，主要反映城市里企业的数字化转型程度。2017年12月，苏州大学等机构联合发布的中国（苏州）数字经济指数作为首个以城市发起的针对地方数字经济发展水平的测量体系，通过对300多个网站的268.4亿条来自互联网、政府、企业等渠道的数据的分析与测算，从发展环境、信息产业及数字化融合发展三个方面将苏州和我国其他城市进行对比，综合反映苏州数字经济发展情况。2020年，中国信息通信研究院等机构发布的《中国区域与城市数字经济发展报告（2020年）》从技术、人才、产业、应用、需求、基础等多个维度综合反映各省份和城市数字城市发展潜力，科学量化各地数字城市发展的优势、短板，总结各城市数字经济发展的路径差异，为中国城市数字经济发展提供借鉴和参考。自2017年以来，新华三集团连续7年发布中国城市数字化发展指数体系，定量地描述了中国城市数字经济发展的全景，见证了中国数字城市发展的变迁历程。在延续"重点区域－核心城市－优势区县－头部高新区/经开区"四位一体的立体研究体系的同时，对《城市数字化发展指数（2023）》进行了更大范围的深入调研，评估城市数量增加至257个，覆盖全国31个省（自治区、直辖市）、30个区域城市群，覆盖全国95%以上的经济体量和

90%以上的人口规模，能够更加全面准确地刻画数字中国进程。同样，2017年以来，上海社会科学院发布的《全球数字经济竞争力发展报告》从经济与基础设施竞争力、数字创新竞争力和数字人才竞争力三个方面构建指标体系，评估全球30个主要城市数字经济竞争力，将北京和上海两个城市和全球其他竞争力领先城市进行比较，评估国内数字经济发展领先城市在全球城市中所处的地位。

2021年7月《北京市关于加快建设全球数字经济标杆城市的实施方案》发布，其中，明确提出的目标是2030年建设成为全球数字经济标杆城市。"数字经济城市"概念进入全球视野和学理范畴，提出了数字经济和城市融合发展的前沿方向，树立了全球数字经济城市发展的制高点和标杆，各高校和机构也纷纷对此开展研究。2022年4月，首都经济贸易大学从国际竞争力、国际创新力和国际影响力三个方面构建指标体系，将北京数字经济发展水平和其他21个全球标杆城市数字经济发展水平进行测度和比较，分析北京在建设全球数字经济标杆城市过程中的优劣势。同年6月，中国科学院大学等机构联合构建全球数字经济标杆城市监测评估指标体系，从数字基础设施、数据资源要素、数字技术创新、数字产业发展、数字产业应用和数字社会治理六个方面将该评估体系与北京市全球数字经济标杆城市建设的实践相结合，以北京市数字经济发展的需求为牵引，基于高质量发展视角对北京市数字经济发展进行监测评估。同年7月，北京工商大学等机构联合发布《北京数字经济发展报告（2021—2022）——建设全球数字经济标杆城市》，从数字基础设施、数据要素资产、数字技术创新、数字产业发展、数字治理水平和数字对外开放六个维度，系统构建全球数字经济标杆城市评估指标体系，科学评估北京数字经济建设的现状与进展，为未来建设全球数字经济标杆城市建设提供路径参考。

通过梳理不难发现，以往国内外关于数字城市指标体系构建的相关研究主要有以下三个特点：一是主要倾向于对数字经济概念的界定及内容边界的划分，服务于政府统计部门监测需要，将数字经济定位于经济发展的行业部门，旨在揭示数字经济整体发展程度、经济贡献度等宏观指标，而对数字城市的测度研究较少。二是虽然国内多个机构基于城市视角进行测度评价，但目前提及数字城市的研究文献和报告均仅仅是将城市作为研究维度，且大多针对城市数字经济发展水平进行测度，并未从城市功能、城市发展演进、城市发展模式创新、城市发展转型角度研究、观察和测度数字城市建设发展，城市作为数字技术最大应用场景的作用不能得到反映。三是在测度城市数字经济发展的指标选取方面仅仅侧重于单一的经济维度，包括基础、要素、人才、技术、环境等，而忽略社会、生态、人文、政府等对数字城市发展的影响、作用，缺乏将数字技术与城市创新发展全面融合视角的指标选择。数字时代，数字技术广泛、深度融合到经济社会、生产生活各个方面、各个领域，成为城市结构优化、转型升级、创新发展的核心引擎。城市是数字经济、数字社会、数字政府、数字生态一体化发展的综合载体。因此，从城市演进和创新发展的视角考察数字城市发展，从城市功能和综合发展的视角构建数字城市指标体系就显得尤为重要。

数字城市作为未来城市发展的重要方向，具有在城市规划、城市管理等各个领域的广泛应用前景。随着技术的不断进步和政府的支持，数字城市建设有望取得更大的发展成果，为人们创造更美好的城市生活。但数字城市建设归根结底是一个需要上下同欲、高度重视的大战略，是一项需要深刻认识、系统谋划的大课题，是一个需要统筹联动、一体推进的大工程。相信在不久的将来，我们将能看到更多城市走向数字化、智能化的身影，开启数字城市新时代。

三、数字城市测度的理论基础

数字城市是利用先进的信息和通信技术来改善城市运营，提高城市治理效率，提升居民生活质量和城市可持续性的城市。数字城市建设以数字技术为支持、以数字经济为核心引擎，最终实现城市竞争力和综合实力的提升。因此，城市数字经济发展和城市竞争力是数字城市测度的两个核心内容和重要支撑，数字经济和城市竞争产生、发展及引发的一系列经济社会变革的理论构成数字城市测度的基本理论内核。

（一）数字经济理论

数字经济是一种新经济形态，以数字技术为基础支持、以数据为核心驱动力，全面改造经济生产方式和社会生活方式，是一种全新的资源配置方式和价值创造模式。以数字技术为核心驱动力，通过新技术形成新产业、新产业催生新模式、新技术赋能传统产业三条路径，将全面改造经济生产方式和社会生活方式。数字经济空前解放人类生产力，人类社会快速进入数字时代。

数字技术的广泛应用、数字经济与城市发展的全面融合，也改变了城市发展逻辑和发展模式，使城市竞争力的内容发生变化。传统的生产函数包括技术、劳动力、资本等生产要素。数字经济将全面改造传统的生产函数。首先，数据成为新的生产要素。每一次重大技术变革都将催生新的生产要素。农业时代以劳动力和土地为核心生产要素，工业时代以资本、技术和人力资本为核心的生产要素，而在数字时代，数据成为新的关键生产要素。其次，数字技术进步成为核心驱动力，云计算、大数据、物联网、人工智能、区块链、量子计算等新技术层出不穷，一波又一波的数字技术创新推动了生产力革命。最后，数字技术全面改造传统生产要素，资本、劳动力、人力资本都将转变为数字化的资本、数字化的劳动力和数字化人力资本。数字基础设施成为基础设施建设的主战场，企业设备联网、上云转变为数字驱动的生产工具，数字社会的劳动者几乎离不开计算机、互联网、社交媒体等工具，数字技术正在加速替代流水线工人、办公室行政文员这类"流程性"工作，数字技能的重要性日渐凸显。数字经济成为驱动城市整体性转变、全方位赋能、革命性重构的核心动能系统。

（二）城市竞争力理论

根据联合国人居署的解释，城市竞争力是城市吸引资源、拓宽市场、创造财富、为公民提供充足福利的能力。城市是一个相对独立的经济社会系统，数字革命驱动城市发展变革，城市数字化程度决定城市吸引人才、资源，创造价值、提供公民福利的能力。数字时代城市竞争力取决于城市数字化发展能力。数字化发展能力综合体现在数字城市综合实力上。

城市竞争力理论是在国家竞争力和企业竞争力理论研究中衍生出的一个分支，早期城市竞争力的理论模型大多是国家竞争力模型的演变。目前，影响比较大的国家竞争力和城市竞争力模型有WEF-IMD 的国家竞争力模型、波特的"钻石模型"、加德纳等人的"金字塔"模型、倪鹏飞的"弓弦模型"等。

早在1980 年，WEF（世界经济论坛）便开始关注一国在全球竞争力的问题。1985 年，WEF 率先提出了"国际竞争力"的概念，认为国际竞争力是"一国企业能够提供比国内外竞争对手更优质量和更低成本的产品与服务的能力"。

20 世纪 80 年代，哈佛大学教授波特提出了著名的"钻石模型"，"钻石模型"包含了四个相互关联的重要因素：一是生产要素；二是需求条件；三是相关产业与支持性产业；四是企业战略、企业结构和同业竞争。此外还有政府和机遇两个辅助要素。

在城市竞争力领域，美国学者克雷塞尔作了开创性研究。他认为，城市竞争力是城市创造财富、提高收入的能力，并将城市竞争力的影响因素区分为两类：经济因素和战略因素。而韦伯斯特提出四因素模型：一是经济结构，反映城市竞争的物质财富；二是区域禀赋，反映城市竞争的基础底蕴；三是人力资源，反映城市竞争的长期潜力；四是制度环境，反映城市竞争的软件实力。马尔库和林纳马更强调要素的网络合作，将城市竞争力的决定要素划分为六因素：基础设施、企业、人力资源、生活环境质量、制度和政策网络、网络成员。

加德纳等人提出了城市竞争力的"金字塔"模型，他们参照欧盟定义，将城市竞争力定义为：生产具有国际竞争力的产品和服务的能力，同时提升居民收入和就业率的能力。他们认为，城市竞争的终极目标是提升居民生活水平，生产力和就业率是衡量城市显性竞争力的标准，而经济结构、创新活动、区域可及性、劳动技能、社会结构、区域文化等竞争力资源是影响城市竞争力的主要因素，具体如图 7-1 所示。

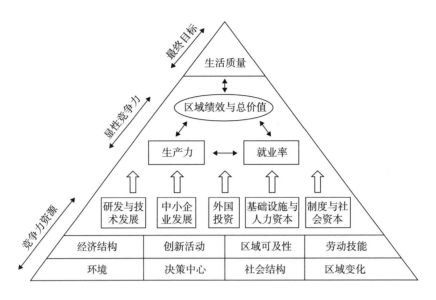

图7-1 加德纳等人提出的"金字塔"模型

第二节 测度模型构建与指标选取

一、测度模型构建

在未来的城市竞争中，数字城市将成为主战场。数字城市建设应以数字技术为核心驱动力，通过新技术形成新产业、催生新模式，撬动政务服务、经济发展、社会治理、生态保护、政府运行等各个领域的整体性转变和全方位改革，从根本上引领治理方式、生产方式和生活方式的大幅提升。根据加德纳等学者的城市竞争力模型，数字城市同样可以用"金字塔"模型来搭建，如图7-2所示。

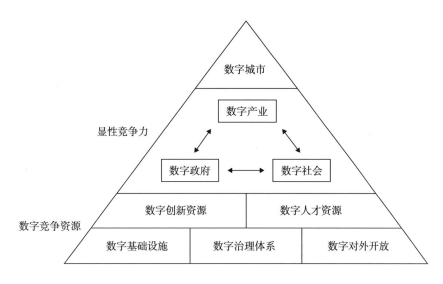

图 7 – 2　数字城市发展的"金字塔"模型

首先,数字城市的显性竞争力集中体现在数字产业。数字经济时代已逐渐形成以数字技术为基础的新一代产业模式,数字经济主导生产力革命,催生了一批数字标杆企业,站在技术革新和商业业态的最前沿。同时,也在推动传统产业的数字化改造,促使传统产业借助数字技术,改造研发、设计、生产、营销的全流程,创造更高的经济价值。

其次,数字城市的显性竞争力并不止于经济领域,也体现在政府建设和社会发展领域,而且,数字产业、数字政府、数字社会三者之间存在相互依存、相互促进的关系。数字技术不仅提高了生产力,也在改造生产关系,改变人民生活方式和社会组织模式。政府部门、社会生活都面临数字化改造。城市的数字化发展也意味着政府治理模式和民众生活模式的前沿探索。经济基础决定上层建筑,上层建筑反作用于经济基础。一方面，数字产业发展为数字政府建设奠定基础。数字产业推动技术进步和模式创新，可以服务于数字政府建设，打造高效透明的政务运行体系、公共服务体系、执法监管体系，从而提高政府治理能力。另一方面，数字政府建设也可以促进数字产业发展。只有构建适用于数字经济发展规律的数字政府，才能安全高效地提升治理水平，进而规范和引导数字产业的健康长期发展。

再次，数字产业发展也在数字社会建设中发挥了支撑性作用。近年来，在消费、社交、娱乐、教育、医疗多个领域，数字技术不断融入居民生活，网上购物、线上支付、网络课程、互联网诊疗逐渐成为人们生活、工作的常态，成为创造美好生活的重要手段。数字产业在提升民众衣食住行、医疗教育、社区服务等民生领域的智能化服务水平发挥着重要作用。在就业领域，数字平台模式大大降低了就业门槛，提高了劳动者就业效率，电商、直播、外卖等行业平台提供了大量的岗位需求，成为吸纳就业的重要渠道。同时，数字社会建设深刻影响人们的思想观念和思维方式，不断创造新的产业形态和商业模式，也为数字产业发展提供了深厚的土壤。因此，数字城市发展必然需要数字产业、数字政府、数字社会的"三位一体"式发展，我们可以从这三个角度考量城市显性数字化竞争力。

最后，数字城市的显性竞争力还建立在五大数字竞争资源的基础之上。第一，数字基础设施是数字城市发展的底层支撑。建成数字基础设施系统，引领城市基础设施的迭代升级，实现城市生活软硬件的全要素数字化，可以为数字城市发展提供产业延展能力、生活服务能力和融合应用能力。第二，数字创新资源是数字城市发展的关键驱动。高创新性是数字经济的突出特征，各城市可集中科研机构、企业研发部门、金融市场等资源，加强数字技术基础研究，超前布局前沿技术，补短板、锻长板，以创新驱动城市数字产业发展，提升城市经济的数字赋能成效。第三，数字人才资源是数字城市发展的关键生力军。数字技术的发展及网络信息技术不断向传统领域扩张和融合，对人才产生了越来越高的要求。兼具创新能力、融合发展、技术业务、管理实践的未来人才站在了时代的潮头。第四，数字治理体系是数字城市发展的制度保障。构建适合数字化发展的治理体系，推动治理创新，提高治理水平，将确保数字经济健康有序发展。第五，数字对外开放是数字城市发展的外部环境保障和标志性内涵。数据要素的功能发挥打破了原本一定程度固化的全球产业版图、贸易体系和分配格局，世界范围内有关数据安全保护与监管、数据交易税收、数字贸易规则等前沿问题都亟待解决。

二、测度指标选取的原则

（一）前瞻性和引领性原则

城市作为数字技术最大的应用场景，数字城市测度指标难以用传统统计指标来衡量，应站在新技术、新业态发展的前沿，挖掘衡量数据中心、工业互联网、区块链等新生事物发展情况的指标，测度城市在这些前沿领域的标杆地位和引领作用。

（二）全面性和代表性原则

数字城市作为城市生产要素、生产力、政府治理体系、社会组织方式全面变革的过程，涉及诸多维度。数字城市指标体系将借鉴既有指标体系，建立全面覆盖数字产业、数字政府、数字社会、数字基础、数字资源、数字治理、数字开放的指标体系，选取最有代表性的指标，衡量数字城市发展水平。

（三）可比性和可操作性原则

为了保证指数评估的可操作性和可靠性，数字城市指标体系的大多数指标应来自公开信息。一方面，应从各政府网站、国内外各单位官方网站、第三方机构发布的研究报告中搜集客观统计指标，从中选取与数字化发展密切相关的指标；另一方面，应充分利用 Wind、CNRDS 等数据库，挖掘上市公司数据库、独角兽企业数据库等多个新型数据来源。

三、测度指标框架构建

根据前文测度模型和指标构建原则，数字城市的显性竞争力体现在数字产业、数字政府和数字社会三个方面，同时还建立在数字基础设施、数字创新资源、数字人才资源、数字治理体系和数字对外开放五大数字竞争资源的基础之上。因此，数字城市测度指标应包括数字基础、数据资源、数字产业、数字政府、数字社会、数字治理、数字开放七个方面，见图7-3。

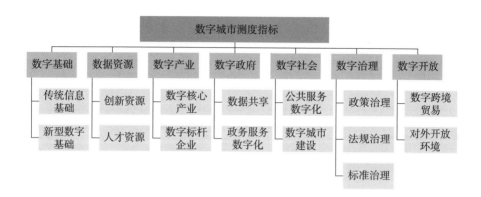

图7-3 数字城市测度内容

（一）数字基础

数字基础是发展数字经济的前提条件和根本要求，也是城市数字经济的底层支撑。一方面，城市作为数字经济的重要空间载体，先进的数字基础设施表现为新一代信息技术和城市基础设施的深度融合，实现数字城市由数字孪生跃升到数字原生；另一方面，数字基础设施的联通促进数据要素在全球范围内流通，提高数据要素挖掘、储存、处理和应用的掌控能力，为建设数字城市提供充分条件。数字基础模块包括传统信息基础和新型数字基础两个方面。一是传统信息基础是数字传输的基础，以固定互联网宽带接入用户数量、每百人拥有移动电话数量为代表性指标。二是新型数字基础是支撑前沿数字技术发展的基础设施，以新增绿色数据中心数量、新增工业互联网示范项目数量和新增新型信息消费示范项目数量为代表性指标。

（二）数字资源

数字资源是数字化发展的源头活水。大城市聚集了人才资源、基础技术等创新资源，有更强的知识外溢效应，更有能力突破"卡脖子"和前沿核心技术，推出一流的首创技术，在数字创新中往往能发挥标杆作用。互联网、人工智能等数字技术的创新为城市从速度扩张向内涵式发展新阶段转型提供新动能，为满足城市利益相关者的多元需求扩容空间。丰富的资源储备能够赋予城市更强的更新迭代能力，更好地为数字城市建设提供新鲜"血液"。数字资源模块包括创新资源和人才资源两个方面。一是创新资源衡量数字创新的直接源头要素，包括新增重点实验室数量、R&D 内部经费支出总额、发明专利授权数量和数字技术相关专业学科评估 A－及以上数量。二是人才资源衡量数字创新的潜在人力支持，包括数字技术领域两院院士数量，每万人中 R&D 人员数量，每百人中信息传输、计算机服务和软件业就业人员数量，每万人中普通高等学校专任教师数量和每万人中普通本专科在校学生数量。

（三）数字产业

数字产业是数字城市发展的核心竞争力。新兴数字产业的集聚与发展是城市数字经济的核心内容。数字技术主导生产力革命，催生了一批数字标杆企业，站在技术革新和商业业态的最前沿。数字化发展打破过往产业孵化的空间限制，城市将成为功能全面、效率领先的产业孵化器，催生新兴数字产业，赋能数字城市建设。数字产业模块包括数字核心产业和数字标杆企业两个方面。一是数字核心产业衡量各城市相关产业的总体规模，数字核心产业二级指标包括软件业务收入总额、电信业务收入总额、区块链信息服务备案数量。二是数字标杆企业是数字产业发展的"先锋队"，具有先进性、示范性和行业代表性。数字标杆企业二级指标包括中国大数据企业50强数量、全球市值Top5000数字经济上市公司数量和市值规模、独角兽企业数量和估值及灯塔工厂数量。

（四）数字政府

数字政府是数字城市发展的重要竞争力维度。数字技术除了提高生产力之外，也在改造生产关系，政府治理模式也面临数字化转型。通过新型数字设施与数字技术手段的创新应用，能够全面提升城市运行各领域的感知能力、决策能力、协同能力和创新能力，能够将分散的政府部门和社会资源融合为一个整体，同时能够更加精确地对城市各个组织的运行情况进行监管和指导，增加政府治理的透明性，提高政府的治理能力。数字政府模块包括数据共享和政务服务数字化两个二级指标。一是数据共享衡量公共数据的政府内部共享和面向公众开放程度，包括公共数据开放平台成立年数、复旦大学提出的中国开放数林指数。二是政务服务数字化以可全程在线办理政务服务事项占比、政府门户网站留言平均办理天数为代表性指标。

（五）数字社会

数字社会也是数字城市发展的重要竞争力维度。近年来，各个社会事业领域内，技术革命成果不断融入生产生活，人民消费模式、生活方式、社会交往方式、社会组织方式都发生了深刻变革。数字社会模块包括公共服务数字化和数字城市建设两个二级指标。一是公共服务数字化以智慧服务评估 3 级及以上医院数量、北京大学提出的数字普惠金融指数为代表性指标。二是数字城市建设将数字技术与城市管理相结合，能够大幅提升城市居民生活便利度和城市治理智能化水平。数字城市建设二级指标以国家智慧城市试点数量、人工智能城市排名和千兆城市评选年数为代表性指标。

（六）数字治理

数字治理是城市高质量发展的基本保障，也是数字技术和数字经济赋能城市的重要方面。城市治理复杂多变，数字化治理是提高城市治理水平和质量能力现代化的必然趋势和主要手段，能够为数字化健康发展保驾护航，激发积极作用，减少负面影响。数字城市要构建以数字化为特征的现代化治理体系，意味着政府治理模式和民众生活模式的前沿探索。数字治理模块包括政策治理、法规治理、标准治理三个二级指标，分别以数字经济相关政策发布数量、数字经济相关地方法规进入立法工作计划数量、数字经济相关标准新增数量来衡量。

（七）数字开放

数字开放既是数字经济固有特征，也是数字经济高质量发展的必由之路。数字经济发展的未来走向是扩大高水平对外开放，城市对外开放水平是城市综合实力的象征。数字开放意味着数字技术、数字服务、数字产品的对外交流和输出，营造数字城市发展的积极外部环境。数字开放模块包括数字跨境贸易和对外开放环境两个二级指标。一是数字跨境贸易是衡量数字产品和数字服务的跨境贸易，以全球市值Top5000数字经济领域海外上市公司数量和市值、货币进口和出口额为代表性指标。二是对外开放环境衡量境内外交流程度，以外商直接投资合同项目数量、当年实际使用外资金额和举办国际展览数量为代表性指标。

第八章

数字城市文明治理

数字城市文明是在数字技术广泛应用的现代城市中，人们对于文明行为和文明价值的新的理解和实践。这涉及很多方面，如数字技术的使用、数据的处理、信息的传播、数字空间的共享及人机交互等。数字技术的发展使得人们的生活更加便捷和高效，但也给人类文明和社会价值带来了一些挑战和问题，如数字伦理、数字鸿沟、数字安全和隐私保护、数字依赖、数字文化冲击等。

第一节　数字技术引发伦理挑战：科技带来困惑

数字空间的发展正在打破虚拟与现实之间的界限，冲击原有的社会公共理性原则。数字时代如何保护用户的隐私，如何确保算法的公正，如何避免技术的滥用？数字空间的开放性、互操作性及去中心性，是否会以牺牲人类社会一直以来的价值观为代价？这些问题值得思考。

一、数字身份

以数字技术为支撑的数字空间中，虚拟现实具有多重性，一个现实人将会拥有多个数字身份。在数字空间的生态系统中，主体的数字身份特征会根据应用目的及情境状态的变化而不同。这样具有高度沉浸感的虚拟空间产生了一系列数字身份难题：什么是数字身份？谁来认定身份？这样的疑问背后蕴含着数字身份盗用与身份数据追溯滥用等问题，继而引发的是社会信任选择问题，传统的社会信任机制也将面临变革。

身份信息泄露。在数字化活动中，个人身份信息可能会被泄露或被滥用。例如，在线购物活动中，用户的个人信息可能会被不良商家获取并被滥用，这将给用户带来安全隐患和经济损失。

身份盗用。不法分子可能会盗用他人的身份信息进行非法活动。例如，黑客可以通过攻击网站或数据库获取用户的个人信息，然后利用这些信息进行诈骗或恶意攻击。

数字身份验证困难。在数字化活动中，如何验证用户的身份信息是至关重要的。然而，由于数字身份信息的不确定性和可篡改性，验证用户的身份信息往往比较困难和复杂。

为了解决数字身份问题，需要采取一些措施，如加强个人信息保护、加强网络安全技术、推广数字身份认证等。同时，个人也需要加强自身的信息安全意识，采取一些安全措施，如定期更换密码、不轻易泄露个人信息等，以保护自己的数字身份和信息安全。

二、数据隐私

数字技术具有随时随地保真性记录、永久性保存、还原性画像等强大功能。个人的身份信息、行为信息、位置信息甚至信仰、观念、情感与社交关系等隐私信息都可能被记录、保存、呈现。区块链技术的发展使得各种数据都被永久性、不可篡改地保存，这些数据汇集在一起形成大数据，这些大数据可以被反复永久使用。从单个数据来说，经过模糊化或匿名化，隐私信息可以被屏蔽，但将各种信息汇聚在一起而形成的大数据，可以将各种信息片段进行交叉、重组、关联等操作，将原来模糊和匿名的信息重新挖掘出来，使得传统的模糊化、匿名化这两种保护隐私的方式基本上失效。因此如何监管以最大限度减少数据隐私泄露或滥用，成为巨大难题。

数字时代保护数据隐私至关重要，一方面，数据的所有者与使用者都应遵守相关的数据隐私法律法规，如欧盟的《通用数据保护条例》（GDPR）和中国的《中华人民共和国个人信息保护法》等。互联网平台应提供清晰的隐私设置，让用户能够清楚地了解和控制自己的个人信息如何被使用和共享。另一方面，要通过加密技术、访问控制、数据备份等手段，保护数据的完整性和安全性，确保数据不会泄露或被篡改。在数据传输过程中，使用加密技术对数据进行加密传输，以对抗报文窃听和报文重发攻击。

三、虚拟现实

数字技术带来了空间革命，但也不可避免地使虚拟与现实的界限变得模糊，给人类带来诸多挑战。

自我认知的挑战。人工智能在某些任务的完成能力上逐渐超越人类，人类可能会对自己的能力和价值产生怀疑，甚至出现自我认知的混乱。

生命尊严和权利的挑战。在一些特殊情况下，如无人驾驶汽车、机器人医疗护理等，人工智能系统可能会涉及对生命的决策和处置问题，这需要认真思考和保障人类的尊严和权利。

法律责任归属的挑战。当人工智能系统出现错误或故障时，如何确定责任是一个复杂的问题。如果人工智能系统是由开发者或制造商编程的，那么他们是否应该对系统的行为负责？如果是机器自己通过学习算法得出的结果，那么应该由谁负责？

社会结构和秩序的挑战。人工智能在某些工作岗位上逐渐取代人，传统职业和社会角色可能会发生变化，人类不得不重新思考和构建新的社会结构和秩序。

为了应对这些挑战，需要加强对人工智能系统的监管和管理，确保其应用符合社会伦理的要求。同时，也需要加强相关法律法规的制定和完善，保障人类的尊严和权利，维护社会的公正和平等。另外，还需要加强公众的科普和教育，提高公众对人工智能系统的认知和理解，以更好地应对可能出现的挑战和问题。

四、信息安全

数字技术的发展带来诸多信息安全领域的挑战，一些信息技术本身就存在安全漏洞，可能导致数据泄露、伪造、失真等问题，影响信息安全。此外，大数据使用的权责问题、相关信息产品的社会责任问题及高科技犯罪活动等，也是信息安全问题衍生的伦理问题。保障信息安全不仅可以保护个人隐私和财产安全，还可以维护社会稳定和公共利益。例如，保护医疗记录、个人身份信息、财务数据等敏感信息的安全，可以避免身份盗窃、欺诈和勒索等行为的发生，保障公民的合法权益和社会稳定。同时，保障信息安全还有助于提升国家竞争力。在数字时代，信息安全成为国家安全和经济发展的重要保障。保护国家关键信息基础设施的安全，可以避免网络攻击和数据泄露等风险，保障国家安全和社会稳定。

保障信息安全可以采取以下措施：一方面，要建立安全的网络架构，包括防火墙、入侵检测系统、加密技术等，以保护网络免受外部攻击和内部泄露。使用安全软件和设备，包括经过认证的杀毒软件和防火墙，及时更新软件和系统，以防范最新的网络威胁和攻击。另一方面，要制定并实施安全管理制度，明确各部门职责和操作规范，确保网络安全管理的有效性和持续性。制定并实施应急响应计划，以应对可能出现的网络安全事件，确保及时发现和处理问题，降低风险损失。同时，还要定期进行安全评估，发现潜在的安全隐患和风险，及时采取措施进行修复和改进，确保网络安全的持续性和有效性。

第二节　数字城市文明准则：可控可信多元包容

一、技术的可控与安全

就数字技术而言，虽然技术自身没有道德、伦理的品质，但是开发、使用技术的人会赋予其伦理价值，因此技术并非完全价值中立，其中包括了设计者的理念与道德偏好。我们需要构建能够让社会公众信任的技术规制体系，让技术接受普遍的价值引导。

（一）可知性

以人工智能为代表的数字技术应当是透明的、可解释的，是大众可以理解的，避免技术"黑盒"影响人们对人工智能的信任。开发设计人员需要致力于解决人工智能"黑盒"问题，实现可理解、可解释的人工智能算法模型。但同时，技术透明也不是对算法的每一个步骤、算法的技术原理和实现细节进行解释，简单公开算法系统的源代码也不能提供有效的透明度，反倒可能威胁数据隐私或影响技术安全应用。

（二）可靠性

数字技术应当是安全可靠的，能够防范网络攻击等恶意干扰和其他意外后果，实现安全、稳定与可靠。支撑数字城市运行的系统应当经过严格的测试和验证，确保其性能达到合理预期；数字技术也应确保数字网络安全、人身财产安全及社会安全。

（三）可控性

人工智能的发展应置于人类的有效控制之下，避免危害人类个人或整体的利益。短期来看，发展和应用人工智能应确保其带来的社会福祉显著超过可预期的风险和负面影响，并且确保这些风险和负面影响是可控的，在风险发生之后可以积极采取措施缓解、消除风险及其影响。长期来看，虽然人们现在还无法预料通用人工智能和超级人工智能可否实现及如何实现，也无法完全预料其影响，但应遵循预警原则防范未来的风险，使未来可能出现的通用人工智能和超级人工智能能够服务于全人类的利益。

二、数据的透明和可信

数据是数字城市的重要资源，如何处理和使用数据成为关键问题。我们需要建立数据的透明和可信的原则，如数据的收集、存储、分析、分享都需要遵守法律，尊重用户的权利，保护社会的利益。

建立数据治理机制。建立严格的数据治理机制，明确数据的所有权、使用权和管理权，以及数据的收集、存储、使用、披露和保护等方面的要求，确保数据的合规性和安全性。

加强数据存储和管理。采用加密技术、访问控制技术和防病毒技术等，确保数据的完整性和安全性。同时，可以采用多层次的安全防护措施，防止数据泄露和被恶意攻击。

应用区块链技术。区块链技术通过去中心化、公开透明、无法篡改等特点，可以确保数据的真实性和不可篡改性。例如，在供应链领域，可以通过区块链技术实现物流信息的实时监控和追溯，提高供应链的透明度和可靠性。

建立数据信任机制。通过数据加密、数字签名、身份认证等技术，确保数据的真实性和可信性。同时，可以通过数据共享、开放数据等方式，提高数据的透明度和可信度。

三、信息的公正和多元

在数字城市中，信息可以快速、广泛地传播，如何保证信息的公正和多元则尤为重要。我们需要抵制虚假信息，支持独立媒体，提高公众的媒体素养，促进公开、平等、多元的信息环境。

确保数据中立。数据是可以由人工或自动化手段进行处理的那些事实、概念和指示的表示形式，是进行各种计算、研究或设计所依据的数值，包括数字、字符、符号、图表等。大数据本身虽是客观中立的，但在数据处理及使用中也可能会产生非中立的结果，而这主要是因为在此过程中存在着各种人为主观因素。在全球数据爆炸性增长的今天，正是由于人们在运用技术的过程中有所偏差，才会导致算法歧视等伦理问题不断出现。例如，算法推荐随着大数据与人工智能的迅猛发展而日益成熟，但也不可避免地带来了偏见与歧视的伦理问题。在现实生活中，像一些网上购物平台中的"推荐"页面或赠送"红包""优惠券"等，通常都是通过个性化推荐算法得到的。从本质上看，算法设计是具有目的性和价值观的，它体现的是设计主体的意图和选择。因此，算法基于对个体的贫富差距、性别差异、健康状况等信息的全面掌握，可以个性化、差异性地推荐相关产品或服务，但也会导致不同群体之间在信息掌握层面的不公平，甚至出现"大数据杀熟"等算法歧视现象。

实现信息多元。一方面，要推动信息来源的多样化，鼓励多种信息来源，包括传统媒体、社交媒体、自媒体等，增加信息来源的多样性。建设多种信息传播渠道，包括传统媒体、互联网、移动端等，增加信息传播的途径和方式，提高信息的传播效率和覆盖范围。同时，要加强对信息的审核和监管，确保信息的真实性和可信度。另一方面，要促进信息交流和互动，包括社交媒体、论坛、博客等，增加公众对信息的参与和反馈，提高信息的多样性和互动性。加强信息基础设施的建设，保障公众平等获取和传播信息的权利，避免信息的不平等获取和传播导致的信息单一化。

四、数字空间的共享和参与

数字城市创建了新的虚拟空间，如何让所有人都能共享和参与数字空间是一项挑战。需要打破数字鸿沟，提供无障碍服务，鼓励公众参与，建立包容、互动、创新的数字社区。

（一）数字鸿沟

数字鸿沟是数字化时代产生的一种新的社会公平问题，数字鸿沟一般包括接入鸿沟、技术鸿沟和应用鸿沟。

1. 接入鸿沟：指不同国家、地区、行业、企业、社区之间在互联网接入方面的差异。一些地方由于网络设施不完善、政策不支持等原因，无法接入互联网或者网络质量较差，导致信息获取和交流受到限制。

2. 技术鸿沟：指不同国家、地区、行业、企业、社区之间在数字技术掌握和应用方面的差异。一些人由于缺乏数字技能，无法有效利用数字技术进行工作和生活，从而在与数字技能熟练的人群的竞争中处于劣势。

3. 应用鸿沟：指不同国家、地区、行业、企业、社区之间在数字应用和创新方面的差异。一些地方由于缺乏创新意识和应用能力，无法将数字技术转化为实际的生产力，导致经济发展和竞争力落后。

当前数字鸿沟问题仍然突出存在，数字鸿沟产生的数字技术资源分配不平衡问题会逐步引起群体性矛盾和社会不公。在大数据背景下，数字鸿沟及由此造成的社会公平问题，不再主要表现在数字技术的可及和应用方面，而是日益演变为数据鸿沟，人们在数据可及、数据应用、数据分析等方面存在着巨大差异，并集中表现为由知识、技术、经济等因素导致的技能鸿沟、价值鸿沟等，从而导致在权利获得和价值区分等方面出现了不公平的伦理问题。

（二）消除数字鸿沟

解决数字鸿沟问题需要从以下方面入手。

1. 提高网络覆盖率和网络质量。政府和企业应该加大对网络基础设施的投入，提高网络覆盖率和网络质量，为更多人提供互联网接入服务。同时，政策上应该支持网络普及和数字技术的发展。

2. 加强数字技能培训和教育。政府、企业和社会应该加强对数字技能的培训和教育，提高人们的数字技能水平，帮助更多人适应数字化时代的工作和生活方式。

3. 推动数字应用和创新。政府和企业应该鼓励数字技术的应用和创新，推动数字化经济发展，提高国家和地区的竞争力和创新能力。同时，应该加强对弱势群体和落后地区的支持和帮助，缩小数字鸿沟。

五、人机交互的人性化

在数字城市中，人们需要与各种智能设备和服务交互，如何让这些交互更加人性化则十分重要。数字城市的发展需要设计以人为中心的交互界面，提供情境化的服务，考虑人的感知、认知、情感、行为等因素，创造舒适、便捷、满意的用户体验。

人机交互的人性化是指将人类情感、认知、行为等因素融入人机交互的过程中，使机器能够更好地适应人类的需求和习惯，提高人机交互的体验和质量。

情感因素。在人机交互中，情感因素是非常重要的。如果机器能够感知和适应人类的情感，如快乐、愤怒、焦虑等，并对其作出相应的反应，这将极大地提高人机交互的体验。例如，在一个智能客服系统中，如果机器能够根据用户的情感状态来选择合适的回复方式，将能够更好地解决用户的问题和提升用户满意度。

认知因素。在人机交互中，认知因素也至关重要。如果机器能够理解和适应人类的认知方式和习惯，如知识、记忆、思考等，将能够更好地为人类服务。例如，在一个智能教育软件中，如果机器能够根据学生的认知特点和需求来定制学习计划和内容，将能够更好地提高学生的学习效率和兴趣。

行为因素。在人机交互中，行为因素也是需要考虑的。如果机器能够适应人类的行为方式和习惯，如语言、动作、习惯等，将能够更好地与人类进行交互。例如，在一个智能音响中，如果机器能够根据用户的行为习惯来智能推荐音乐或节目，将能够更好地满足用户的需求和提升用户体验。

发展数字技术的首要目的是促进人类发展，给人类和人类社会带来福祉，实现包容、普惠和可持续发展。要本着以人为本的发展理念建设数字城市，实现人机共生、包容共享及公平无歧视，实现"城市让生活更美好、数字让城市更智慧"。

一方面，人人都有追求数字福祉的权利，要保障个人的数字福祉。人机交互的人性化需要消除技术鸿沟和数字鸿沟，使得老年人、残疾人等弱势群体充分享受到数字技术带来的便利。要减小、防止互联网技术对个人的负面影响，网络过度使用、信息茧房、算法歧视、假新闻等现象暴露了数字产品对个人健康、思维、认知、生活和工作等方面的负面影响，呼吁互联网经济从吸引乃至攫取用户注意力向维护、促进用户数字福祉转变，要求科技公司将对用户数字福祉的促进融入互联网服务的设计中，如 Android 和 iOS 的屏幕使用时间功能、微信等社交平台的"数字福祉"工具、腾讯视频的护眼模式对用户视力的保护等。

另一方面，人人都有追求幸福工作的权利，要保障个人的工作和自由发展。目前而言，人工智能的经济影响依然相对有限，不可能很快造成大规模失业，也不可能终结人类工作，因为技术采纳和渗透往往需要数年甚至数十年，需要对生产流程、组织设计、商业模式、供应链、法律制度、文化期待等各方面作出调整和改变。虽然短期内人工智能可能影响部分常规性的、重复性的工作。长远来看，以机器学习为代表的人工智能技术对人类社会、经济和工作的影响将是深刻的，但人类的角色和作用不会被削弱，反而会被加强和增强。未来 20 年内，90% 以上的工作或多或少都需要数字技能。政府现在需要做的，就是为当下和未来的劳动者提供适当的技能教育，为过渡期劳动者提供再培训、再教育的公平机会，支持早期教育和终身学习。

第三节　应对数字技术挑战：实现人与技术和谐

一、制度建设：构建科技伦理框架

科技伦理指的是科技创新活动中人与人、人与社会及人与自然关系的思想与行为准则，包含价值理念和体现这种价值追求的行为规范。随着科学技术对社会影响的加深，科技发展与经济社会发展紧密联系、相互渗透，科学技术的研发和应用，特别是颠覆性技术应用对人类社会产生的风险越来越具有不确定性、隐秘性、滞后性、复杂性等特点，为科技发展和治理带来巨大挑战。因此，越来越多的国家或国际组织通过发布科技伦理宣言、倡议等方式强调科技发展需要遵循的价值导向，进而将科技伦理作为科技治理的重要内容，提出了相应的行为准则与规范。

2022 年，我国出台《关于加强科技伦理治理的意见》，提出要加快构建中国特色科技伦理体系，健全多方参与、协同共治的科技伦理治理体制机制，建立完善符合我国国情、与国际接轨的科技伦理制度。

一是制定完善科技伦理规范和标准。制定生命科学、医学、人工智能等重点领域的科技伦理规范、指南等，完善科技伦理相关标准。

二是建立科技伦理审查和监管制度。完善科技伦理审查、风险处置、违规处理等规则流程。建立健全科技伦理（审查）委员会的设立标准、运行机制、登记制度、监管制度等，探索科技伦理（审查）委员会认证机制。

三是提高科技伦理治理法治化水平。推动在科技创新的基础性立法中对科技伦理监管、违规查处等治理工作作出明确规定，在其他相关立法中落实科技伦理要求。

四是加强科技伦理理论研究。支持相关机构、智库、社会团体、科技人员等开展科技伦理理论探索，加强对科技创新中伦理问题的前瞻性研究，积极推动、参与国际科技伦理重大议题研讨和规则制定。

二、法规保障：强化重点领域监管

（一）人工智能

我国坚持发展和安全并重、促进创新和依法治理相结合的原则，对人工智能应用领域实行包容审慎和分类分级监管模式，并出台了一系列监管措施，涵盖多项法律、行政法规等规范性文件，构成了多层级、多角度的规范治理体系（见表8－1）。其中，《生成式人工智能服务管理暂行办法》明确提出，在内容管理方面，提供者作为网络信息内容生产者，应承担网络信息安全义务；涉及个人信息时，提供者还依法承担个人信息处理者责任，履行个人信息保护义务。在训练数据方面，提供者具有处理合法性、满足质量要求、进行内容标识及算法纠偏与报告义务，以增强训练数据的真实性、准确性、客观性、多样性。在与使用者的权利义务关系中，提供者具有制定服务协议、构建合理使用与防沉迷机制、服务稳定性义务及构建投诉举报处理机制的义务，以确保使用者能够有效使用生成式人工智能服务。另外，提供者还具有进行安全评估与算法备案、算法披露等监管义务。同时，全国信息安全标准化技术委员会还发布了《信息安全技术生成式人工智能预训练和优化训练数据安全规范》《信息安全技术生成式人工智能人工标注安全规范》等配套标准，对生成式人工智能产品预训练和优化训练数据来源、研制中人工标注环节等方面提出安全规范。

表 8 - 1　我国人工智能领域相关法规

文件性质	名称	生效时间
法律	《中华人民共和国网络安全法》	2017 年 6 月 1 日
	《中华人民共和国数据安全法》	2021 年 9 月 1 日
	《中华人民共和国个人信息保护法》	2021 年 11 月 1 日
	《中华人民共和国科学技术进步法》	2022 年 1 月 1 日
部门规章	《互联网信息服务深度合成管理规定》	2023 年 1 月 10 日
	《互联网信息服务算法推荐管理规定》	2022 年 3 月 1 日
	《生成式人工智能服务管理暂行办法》	2023 年 8 月 15 日

美国对人工智能等重点领域也采取了一系列监管措施，聚焦于人工智能算法的社会伦理监管，侧重从算法研发设计到算法应用的全过程监管。美国联邦政府及州政府层面出台一系列人工智能监管政策，目前美国有数十个独立的人工智能伦理、政策和技术工作组（团体）分散在各个联邦政府机构中，涵盖国防、民事和立法领域。2019 年 2 月，美国国防部（DOD）推出了人工智能战略与伦理监管政策，声称"以合法和合乎道德的方式使用人工智能，以强化负责任的价值观愿景和强化人工智能利用的指导原则"，并将"继续分享我们的目标、道德准则和安全程序，以鼓励其他国家负责任地开发和使用人工智能"。该部门还声称，在与利益相关方协商后，它将制定国防事务中人工智能伦理和安全规则，并将该部门的观点推广给更多的全球受众，为全球军事人工智能提供信息伦理。另外，美国各州政府在提出和通过人工智能监管方面比联邦政府更积极。例如，伊利诺伊州提出了《生物识别信息隐私法》和《人工智能视频采访法》。这两项法律都反映出美国对生物识别实践的审查越来越严格，第一部法律与数据隐私更直接相关，而第二部法律则对可能在面试过程中使用人工智能服务公司提出了算法透明度的要求。华盛顿州则签署了《SB 6280 法案》，建立了基本的透明度和问责机制以备政府决定部署反乌托邦式的实时监控，特别是全面禁止面部识别时侵犯个人隐私和可能存在的算法歧视。

面对数字科技带来的挑战，欧盟制定了一系列数字科技伦理监管的相关法律法规。欧洲议会在数字科技伦理监管领域发挥了重要作用，针对相关数字科技制定相应的伦理监管法律，并在欧盟域内推行。早在 2016 年，欧洲议会法律事务委员会就针对机器人的伦理监管发布了《就机器人民事法律规则向欧盟委员会提出立法建议的报告草案》和《欧盟机器人技术民事法律规则》，提出了对机器人工程师伦理准则、机器人研究伦理委员会伦理准则和使人类免受机器人伤害的基本伦理原则。2019 年，欧盟出台《可信赖的人工智能伦理准则》，确立了人工智能发展的三项基本要素，即人工智能技术须符合法律规定、人工智能技术须满足伦理道德原则及价值、人工智能在技术和社会层面应具有可靠性，并提出了七条人工智能伦理准则。欧洲议会和欧洲理事会还针对欧盟委员会提出的数字科技监管政策或法案进行审议并提出相应的修正案或建议，有助于相关监管政策的进一步完善。

（二）大数据

目前，我国基本构建起数据安全治理法律体系，相继出台了《中华人民共和国网络安全法》《中华人民共和国密码法》《中华人民共和国数据安全法》《关键信息基础设施安全保护条例》《中华人民共和国个人信息保护法》等法律法规。特别是 2021 年 6 月出台了《中华人民共和国数据安全法》，全面系统规定了数据安全保护的关键制度机制和核心要求，明确了相关主体的数据安全保护义务，是我国数据治理领域的基础性法律。2021 年 8 月，《中华人民共和国个人信息保护法》审议出台，围绕规范个人信息处理活动、保障个人信息权益，构建了以"告知－同意"为核心的个人信息处理规则。此外，《数据出境安全评估办法》《个人信息保护认证实施规则》《个人信息出境标准合同办法》《规范和促进数据跨境流动规定》等政策法规的出台，对数据流通使用、数据出境等重点问题进行了规范与指导。

美国总务管理局（GSA）联同 14 个联邦政府机构于 2020 年 9 月共同发布《数据伦理框架草案》，提出了数据伦理监管的七项基本原则：一是了解并遵守适用的法规、规定、行业准则和道德标准；二是诚实并正直行事；三是负责并追究他人责任；四是保持透明；五是了解数据科学领域的进展，包括数据系统、技能和技术等方面；六是尊重隐私和机密性；七是尊重公众、个人和社区。2022 年 7 月 20 日，美国发布《美国数据隐私和保护法》（American Data Privacy and Protection Act，简称 ADPPA）的修正版。该法案旨在在美国联邦政府层面建立面向人工智能算法决策过程中的消费者隐私数据保护法律框架，为美国消费者提供了隐私权保护和有效的补救措施。根据该法案，相关实体和服务提供商必须评估算法的设计、结构和数据输入，以降低潜在的道德伦理风险。2023 年 3 月 31 日，美国白宫科技政策办公室（OS-

TP）发布《促进数据共享与分析中的隐私保护国家战略》，正式确立了政府的大数据伦理监管目标，该目标支持保护隐私数据共享和分析（privacy - preserving data sharing and analytics，简称 PPDSA）技术，该战略关注 PPDSA 技术对经济和社会的外部性影响，尤其关注对弱势群体隐私的影响，提出了 PPDSA 技术需要保持透明度与包容性，尊重隐私、保护公民自由和权利。

为了实现英国国家数据战略的愿景，英国数字、文化、媒体和体育部和政府数字服务局（GDS）发布了《数据伦理框架》，指导政府和更广泛的公共部门以适当和负责任的方式使用数据。2020 年 9 月，英国数字、文化、媒体和体育部发布《国家数据战略》，对《数据伦理框架》进行了进一步的更新。2022 年 6 月，英国政府公布一项关于英国数据保护法改革的咨询文件《数据：一个新的方向》，提出对数据监管领域开展广泛的改革，包括对《通用数据保护条例》（GDPR）、《2018 年数据保护法》和《隐私和电子通信条例》（PECR）等现行主要数据法规的详细且全面的修正建议，涉及数据保护管理与问责、数据泄露报告、人工智能规制、国际数据传输、数据访问规则、ICO 机构调整等重要领域。

欧洲联盟出台的数据监管法规见表 8 - 2。

表 8 – 2　欧盟出台的数据监管法规

时间	法规	主要内容
2018 年	《一般数据保护条例》	对 1995 年的《欧盟数据保护指令》进行改革，旨在加强对自然人的数据保护，并统一此前欧盟内零散的个人数据保护规则，同时降低企业的合规成本。条例将适用的主体范围扩大到了境外的企业；增加透明原则、最少够用原则等一般性保护原则；开创性地引入了被遗忘权、可携带权等；对于违规活动进行严格的处罚，全面提升了对个人数据的保护力度
2020 年	《欧洲数据战略》	在实现建立欧盟单一数据市场的愿景基础上，提出要建立包含公共数据的使用和共享、个人数据的使用和网络安全等领域的统一数据治理框架
2022 年	《数据法案》《数据治理法案》和《数字服务法案》等	这些法案分别针对非个人数据流动和使用、数据共享和再利用、不同类型数字平台服务企业等重要细分领域或主体的数据伦理提出了具体的监管措施，是对《一般数据保护条例》的完善，也是针对新问题或新主体提出的新监管措施

三、国际合作：人类携手应对挑战

科技发展正在改变甚至颠覆人们对生命自然、社会伦理、道德准则的原有认知，人工智能的成熟跨越了自然物与人工物的界限，大数据信息采集的处理应用窥视着人类的隐私权和知情权，传统的治理模式和治理手段已无法有效地指导和规范新兴科技的飞速发展，科技伦理治理成为全世界共同面对的重大问题。

全球科技伦理治理关乎科技创新的价值方向，其成败和成效直接关系着全人类的福祉或祸患，伦理先行是科技创新发展的共识。全球科技伦理治理新秩序理应遵循增进人类福祉、尊重生命权利、坚持公平公正、合理控制风险和保持公开透明的基本原则。加强治理需要各方从不同的认知理解和期望需求中寻求共识，实现智能向善，增进人类共同福祉。要坚持维护以联合国为核心的国际体系和以国际法为基础的国际秩序，充实治理主体，增加发展中国家的发言权；要开展国际科技伦理治理交流合作，支持建立区域科技伦理组织、科技伦理研究和培训中心，积极参与打造世界科技伦理治理共同体；要通过区域科技伦理治理合作，逐步推动构建开放型世界科技伦理治理体系，积极筹备建立世界各国共同参与的科技伦理审查和监管机制，进而保障全球科技伦理治理的全面开展和有效进行。

在世界和平与发展面临多元挑战的背景下，世界各国唯有秉持共同、综合、合作、可持续的安全观，坚持发展和安全并重的原则，通过对话与合作凝聚共识，构建开放、公正、有效的治理机制，才能共同促进科技进步与经济社会健康有序安全发展，确保技术始终朝着有利于人类文明进步的方向发展。

| 延伸阅读 |

《全球人工智能治理倡议》

2023 年 10 月，中国提出《全球人工智能治理倡议》，包括 11 个方面的内容，围绕人工智能发展、安全、治理三个方面系统阐述人工智能治理的中国方案。倡议认为，各国应在人工智能治理中加强信息交流和技术合作，共同做好风险防范，形成具有广泛共识的人工智能治理框架和标准规范，不断提升人工智能技术的安全性、可靠性、可控性、公平性。中方坚持发展和安全并重的原则，坚持以人为本理念、智能向善宗旨、平等互利原则，以尊重人类权益为前提，倡导构建开放、公正、有效的治理机制，促进人工智能技术造福于人类，推动构建人类命运共同体。中国提出的《全球人工智能治理倡议》为各方普遍关切的人工智能发展与治理问题提供了建设性解决思路，为相关国际讨论和规则制定提供了蓝本。

参考文献

[1] 王琦.数字城市的概念、发展历程与趋势［J］.信息技术与应用，2020（6）：18－23.

[2] 李明.数字城市的建设策略与实践［J］.建筑工程技术与设计，2021（2）：45－50.

[3] 张涛.数字城市与传统城市的互动关系研究［J］.地理科学，2021（3）：67－73.

[4] 周健.城市数字化转型的发展路径：从新基建的角度［J］.数字技术与应用，2023（2）：38－40.

[5] 王欢，黄胜强.数字技术赋能上海现代服务产业体系的实现路径［J］.科学发展，2023（7）：26－27.

[6] 魏建琳.数字城市视阈下网格化管理运作机制解析［J］.西安文理学院学报（自然科学版），2021（3）：108－111.

[7] 张绪娥，夏球，唐正霞.智慧城市智慧失灵"黑箱"及其优化路径探析［J］.城市观察，2023（3）：139－140.

[8] 张卓雷.数字孪生助力未来智慧城市新基建［J］.信息化建设，2021（9）：33－34.

[9] 高志华.基于数字孪生的智慧城市建设发展研究［J］.中国信息化，2021（2）：99－100.

[10] 鲁鑫.数字孪生助力城市高质量发展［J］.数字经济，2023（6）：26－27.

[11] 李晓华.数字经济新特征与数字经济新动能的形

成机制 [J]. 改革, 2019 (11): 40 - 51.

[12] 陈晓红, 李杨扬, 宋丽洁, 汪阳洁. 数字经济理论体系与研究展望 [J]. 管理世界, 2022 (2): 208 - 224 + 13 - 16.

[13] 刘欢. 数字经济的测度: 文献综述与研究展望 [J]. 商业经济, 2021 (12): 146 - 147.

[14] 徐清源, 单志广, 马潮江. 国内外数字经济测度指标体系研究综述 [J]. 调研世界, 2018 (11): 52 - 58.

[15] 倪鹏飞. 中国城市竞争力的分析范式和概念框架 [J]. 经济学动态, 2001 (6): 14 - 18.

[16] 周宏仁. 数字经济测度与经济社会转型 [J]. 计算机仿真, 2022 (9): 1 - 8 + 34.

[17] 陈鹤丽. 数字经济核算的国际比较: 口径界定、统计分类与测度实践 [J]. 东北财经大学学报, 2022 (4): 41 - 53.

[18] 孙毅, 李欣芮, 洪永淼, 等. 基于高质量发展的数字经济监测评估体系构建: 以北京市全球数字经济标杆城市建设为例[J]. 中国科学院院刊, 2022 (6): 812 - 824.

[19] 以数字化改革助力政府职能转变与制度规则重塑. 人民网, 2022 - 08 - 26.

[20] 加强数字政府建设, 全面提升政府履职能力. 人民网, 2022 - 08 - 26.

[21] 开启新时代数字政府建设新篇章. 人民网, 2022 - 08 - 26.

[22] 奋力开创数字政府新局面 引领驱动数字中国新发展. 人民网, 2022 - 07 - 04.

［23］加快构建智能集约的平台支撑体系 推进数字政府高质量发展．人民网，2022 - 07 - 04.

［24］徐晓林．"数字城市"：城市政府管理的革命［J］．中国行政管理，2001（1）：17 - 20.

［25］"互联网 + "助力乡村振兴［N］．人民日报海外版，2021 - 03 - 10.

［26］以数字技术助力构建新型城乡关系［N］．光明日报，2023 - 08 - 11.

［27］以数字技术引领城乡融合发展［N］．光明日报，2022 - 01 - 18.

［28］李德仁，邵振峰，杨小敏．从数字城市到智慧城市的理论与实践［J］．地理空间信息，2011（6）：1 - 5 + 7.

［29］李彦宏．我想让一线城市五年内不需要限购限行［J］．中国商人，2022（8）：14 - 15.

［30］莱纳·韦斯勒．数字化在未来体验行为中不可或缺［J］．建筑实践，2020（9）：8.

［31］黄奇帆．"大智移云"背景下的经济社会发展新特征新趋势：在 2018 年中国管理会计论坛上的演讲［J］．中国管理会计，2019（1）：20.

［32］朱岩．以消费升级带动产业链数字化转型［J］．国家治理，2021（24）：19 - 21.

［33］申少铁．充分激发数字医疗的优势［N］．人民日报，2022 - 03 - 29.

［34］吕梦臻．互联网时代下的"娱乐至死"［J］．视听，2020（1）：2.

［35］刘威. 数字金融对扩大中等收入群体的影响机制与路径分析：基于新发展格局视角 ［J］. 长春工程学院学报（社会科学版），2022（3）：5.

［36］周翔. 数字娱乐设计的定位与复合型人才培养对策 ［J］. 科教文汇，2019（17）：2.

［37］王聆雪. 浅谈我国互联网消费信贷下个人征信发展现状与存在问题 ［J］. 现代商业，2022（30）：45 –48.

［38］肖红军，阳镇. 数字科技伦理监管的理论框架、国际比较与中国应对 ［J］. 东北财经大学学报，2023（5）：47 –61.